Facundo Alejandro Sibona Bulfon
Guillermo Ricardo Catuogno
Juan Pablo Demichelis

Diseño e implementación de un PLC basado en tecnología abierta

Facundo Alejandro Sibona Bulfon
Guillermo Ricardo Catuogno
Juan Pablo Demichelis

Diseño e implementación de un PLC basado en tecnología abierta

Control y monitorización con Arduino, Node-RED y MQTT: soluciones accesibles y escalables

Editorial Académica Española

Imprint
Any brand names and product names mentioned in this book are subject to trademark, brand or patent protection and are trademarks or registered trademarks of their respective holders. The use of brand names, product names, common names, trade names, product descriptions etc. even without a particular marking in this work is in no way to be construed to mean that such names may be regarded as unrestricted in respect of trademark and brand protection legislation and could thus be used by anyone.

Cover image: www.ingimage.com

Publisher:
Editorial Académica Española
is a trademark of
Dodo Books Indian Ocean Ltd. and OmniScriptum S.R.L publishing group

120 High Road, East Finchley, London, N2 9ED, United Kingdom
Str. Armeneasca 28/1, office 1, Chisinau MD-2012, Republic of Moldova, Europe
Printed at: see last page
ISBN: 978-613-9-43516-6

DEDICATORIA

Este proyecto final está dedicado a:

A mi madre Andrea, quien me ha enseñado a confiar en mí mismo, a ser perseverante ante nuevos objetivos y, sobre todo, a agradecer y disfrutar de los procesos en la vida.

A mi padre Alejandro, con quien tengo el placer de compartir proyectos de ingeniería, que con su profesionalidad, responsabilidad y gentileza representa mi fuente de inspiración.

A mis hermanos Franco y Maia, por compartir tantos momentos juntos y por su curiosidad incesante sobre el mundo que nos rodea, que genera un círculo de aprendizaje asombroso.

A mis abuelos Jacinta, Jorge y Ana, que con su asombro ante la ingeniería me motivan a continuar aprendiendo cada día.

AGRADECIMIENTOS

Quiero expresar mi profundo agradecimiento hacia todo el personal que forma parte de la Universidad Nacional de San Luis, por hacer posible la realización de este proyecto y por brindar un entorno estimulante de aprendizaje durante todo mi pasar por ella. De allí, una mención especial para mis profesores y directores de tesis Juan Pablo y Guillermo, quienes con su dedicación a su trabajo y su ímpetu por transmitir y enseñar, significaron un impulso extraordinario durante la carrera y la ejecución de este trabajo. Recordar y agradecer también a todos los profesores que formaron parte de mi recorrido en esta institución.

Mis agradecimientos a mis compañeros de trabajo, con quienes transité desafíos y adquirí la experiencia y sabiduría que hoy definen mi carrera profesional, y que a través de su apoyo me enseñaron el valor del compañerismo.

A mis amigos de la facultad y de la vida, quienes estuvieron a mi lado en momentos críticos y compartieron conmigo alegrías y logros.

Finalmente, pero no menos importarte, a toda mi familia y el resto de personas que influyeron en mi proceso de aprendizaje, que con sus palabras de aliento, consejos sinceros y alegría genuina me han iluminado e impulsado a perseguir mis sueños.

RESUMEN

Este proyecto aborda el diseño e implementación de un Controlador Lógico Programable (PLC) basado en tecnología abierta para el control y automatización de un sistema de tratamiento de agua. El diseño comienza tomando como base el entorno de desarrollo Arduino, el cual representa una herramienta para proyectos tecnológicos de todo tipo ampliamente difundida en todo el mundo. A partir de allí, el diseño se orienta a convertir esta solución tecnológica en una más robusta que se adapte a los entornos industriales de forma efectiva. El trabajo ha sido dividido en cuatro secciones. En el capítulo 1, se detalla la propuesta junto con su alcance y objetivos, determinados en base a los requerimientos de automatización de la planta de tratamientos de agua. Allí también se plasman los conocimientos requeridos para adentrarse en el mundo de los controladores lógicos programables y se presentan las herramientas de tecnología abierta disponibles como solución. En el capítulo 2, se describe el desarrollo de cada etapa de diseño, comprendiendo desde la selección del microcontrolador y los componentes electrónicos, hasta el diseño de la placa de circuito impreso y el modelado 3D de las carcasas. En última instancia, se analiza en detalle la lógica de control y el código de programación empleado. El análisis de costos del capítulo 3 abarca una evaluación exhaustiva de los gastos asociados con la implementación del dispositivo en el proyecto. Se incluyen costos relacionados con la adquisición de componentes electrónicos, la fabricación de las carcasas 3D y la programación del sistema, con el fin de obtener una visión precisa de la inversión económica involucrada. Por último, en el capítulo 4 se presentan las conclusiones, sintetizando los hallazgos y resultados obtenidos durante el desarrollo de este proyecto mecatrónico. Se evalúa el cumplimiento de los objetivos planteados, y se analizan las limitaciones encontradas junto con posibles áreas de mejora para desarrollos futuros.

Palabras clave — Arduino, automatización, controlador lógico programable, electrónica, modelado 3D, programación, tecnología abierta, protocolo de comunicación.

ÍNDICE DE CONTENIDO

ÍNDICE DE TABLAS

1.1   Introducción

La automatización industrial se ha convertido en un pilar fundamental para la eficiencia y la optimización de los procesos productivos y para facilitar las tareas en diversas áreas, desde las líneas de producción en la industria de manufactura hasta los sistemas de control en edificios inteligentes. En este contexto, los Controladores Lógicos Programables (PLC) han sido piezas fundamentales, siendo los encargados de interpretar el entorno y actuar en consecuencia de manera automática y precisa.

A pesar de su notable éxito y distribución, los PLCs tradicionales presentan ciertas limitaciones en determinadas aplicaciones. Son costosos y requieren conocimientos especializados para su programación, lo que los vuelve inaccesibles para pequeñas empresas o proyectos independientes. Aquí es donde entra en juego la tecnología Arduino, que, con su enfoque de código abierto y su comunidad activa, proporciona una alternativa más asequible y adaptable para la automatización. La combinación de la robustez de los PLCs y la flexibilidad de Arduino abre nuevas oportunidades para la creación de sistemas de control personalizados y escalables.

La tendencia hacia el uso de software abierto y hardware abierto está ganando popularidad, ya que ofrece numerosas ventajas en términos de flexibilidad, personalización y reducción de costos. Por otro lado, los protocolos industriales aseguran una comunicación eficiente y confiable entre los dispositivos de campo y los sistemas de control, permitiendo la recopilación de datos en tiempo real y el control preciso de los procesos industriales. Esta combinación crea una infraestructura robusta y eficiente para la automatización y el monitoreo.

Esta convergencia entre tecnologías abiertas y protocolos de comunicación industrial está impulsando la transformación digital en la industria, fomentando la innovación y mejorando la eficiencia operativa. En este contexto, el desarrollo de soluciones basadas en PLC abiertos se presenta como una opción prometedora para empresas que buscan mantenerse competitivas en un entorno industrial en constante evolución.

1.2   Objetivos

1.2.1 Objetivos generales

- Desarrollar e implementar un Controlador Lógico Programable (PLC) de bajo costo mediante el uso de tecnologías abiertas.

- Emplear el dispositivo en un entorno industrial para el control efectivo de un equipo de tratamientos de agua, con un régimen de funcionamiento permanente.

- Interconectar el dispositivo con demás sistemas mediante la implementación de protocolos industriales, para recopilación de información y para facilitar la creación de redes de automatización.

1.2.2 Objetivos específicos

- Diseñar el circuito electrónico del PLC, capaz de funcionar en diversos entornos industriales.

- Seleccionar componentes y realizar el diseño de la placa de circuito impreso (PCB) para la fabricación del controlador, considerando aspectos de coste y eficiencia.

- Implementar módulos de entrada digital y analógica, así como módulos de salida a relé y optoacopladas, para cubrir diversas necesidades de control.

- Modelar en 3D la carcasa del PLC, garantizando un diseño ergonómico y funcional.

- Integrar protocolos de comunicación I2C y UART para posibilitar la interconexión eficiente con otros dispositivos y sistemas.

- Utilizar un microcontrolador de la gama de opciones ofrecidas por Arduino y similares, optimizando prestaciones a bajo costo y aprovechando su amplia aceptación en la comunidad.

- Implementar un módulo de comunicación industrial para transmitir datos de los sensores y del PLC a un servidor, lo que permitirá monitorear y controlar el proceso de manera remota desde cualquier dispositivo con conexión a internet.

1.3   Alcances y limitaciones

El proyecto abarca desde la concepción y diseño inicial del PLC hasta la fabricación del prototipo funcional, incluyendo el desarrollo del circuito electrónico, la selección de componentes, el diseño de la PCB, la implementación de módulos de entrada y salida, el modelado 3D de la carcasa y la integración de protocolos de comunicación. El enfoque se centra, por un lado, en la viabilidad económica y en la democratización de la automatización industrial, buscando que la tecnología desarrollada sea accesible y transparente, y por el otro, en la conectividad con diferentes sistemas para el procesamiento de datos y monitoreo de forma remota, desde cualquier dispositivo con conexión a internet.

La robustez del circuito impreso será un desafío, y aunque se buscará optimizarla, no se puede garantizar una resistencia absoluta a todos los entornos industriales. Las pruebas de funcionamiento se limitarán al análisis visual de desempeño del dispositivo en el entorno industrial. El proyecto se enfoca en el uso de microcontroladores dentro de la gama de opciones de Arduino y similares, limitando las posibles características específicas de otros microcontroladores más especializados. La integración con sistemas específicos de automatización industrial podría requerir adaptaciones adicionales que no están contempladas en este proyecto.

1.4 Marco teórico

1.4.1 Controladores Lógicos Programables (PLC)

1.4.1.1 Definición de los PLC

Un controlador lógico programable, más conocido por sus siglas en inglés PLC (Programmable Logic Controller), se trata de un dispositivo similar a una computadora, utilizada en la automatización industrial, para automatizar procesos electromecánicos, tales como el control de la maquinaria de la fábrica en líneas de montaje o atracciones mecánicas. La NEMA (Asociación Nacional de Fabricantes Eléctricos) define al PLC como:

"Instrumento electrónico, que utiliza memoria programable para guardar instrucciones sobre la implementación de determinadas funciones, como operaciones lógicas, secuencias de acciones, especificaciones temporales, contadores y cálculos para el control mediante módulos de E/S analógicos o digitales sobre diferentes tipos de máquinas y de procesos".

Es un dispositivo electrónico digital diseñado específicamente para programarse con facilidad. Este tipo de procesadores se denomina lógico debido a que la programación tiene que ver principalmente con la ejecución de operaciones lógicas y de conmutación. Los dispositivos de entrada (sensores e interruptores) y los dispositivos de salida (actuadores) que están bajo control se conectan al PLC, y después el controlador monitorea las entradas y salidas de acuerdo con el programa almacenado por el operador en el PLC con el que controla máquinas o procesos (Figura N° 1). Estos tienen la gran ventaja de que permiten modificar un sistema de control sin tener que volver a cablear las conexiones de los dispositivos de entrada y salida; basta con que el operador digite en un teclado las instrucciones correspondientes. El resultado es un sistema flexible que se puede usar para controlar sistemas muy diversos en su naturaleza y su complejidad. Tales sistemas se usan ampliamente para la implementación de funciones lógicas de control debido a que son fáciles de usar y programar [1].

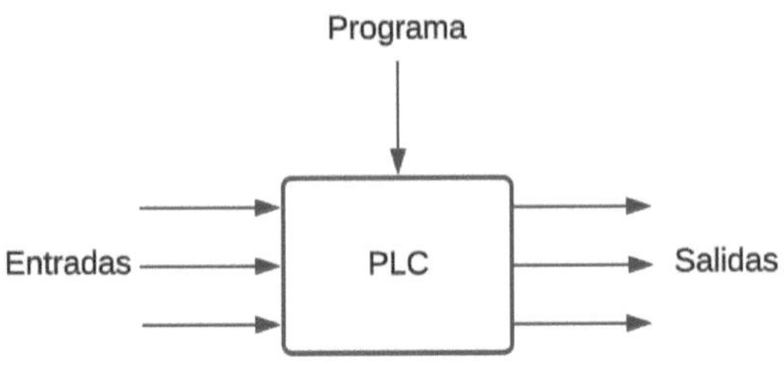

Figura N° 1: Esquema de un PLC

Los PLC son similares a las computadoras, pero tienen características específicas que permiten su empleo como controladores. Estas características son:

1. Son robustos y están diseñados para resistir vibraciones, temperatura, humedad y ruido.

2. La interfaz para las entradas y las salidas está dentro del controlador.

3. Es muy fácil programarlos.

Figura N° 2: PLC Siemens Logo

En la Figura N° 2 se puede observar el formato típico de un PLC, el cual corresponde al modelo LOGO de la marca Siemens. Si bien se trata de un modelo con funciones básicas, posee las características esenciales que debe tener un PLC. Podemos destacar en la parte superior las entradas para la alimentación del dispositivo y las entradas de señales, mientras que en la parte inferior se observan las conexiones para las salidas. En el frente se encuentra el puerto Ethernet para conectarse con el programador, a través del cual se carga el programa deseado, y en algunos, se puede encontrar pantallas y botones para interactuar con el mismo.

1.4.1.2 Estructura básica del PLC

La Figura N° 3 muestra la estructura interna básica de un PLC que, en esencia, consiste en una unidad central de procesamiento (CPU), memoria y circuitos de entrada/salida. La CPU controla y procesa todas las operaciones dentro del PLC. Cuenta con un temporizador cuya frecuencia típica es entre 1 y 8 MHz. Esta frecuencia determina la velocidad de operación del PLC y es la fuente de temporización y sincronización de todos los elementos del sistema. Un sistema de buses lleva información y datos desde y hacia la CPU, la memoria y las unidades de entrada/salida. Los elementos de la memoria son: una ROM para guardar en forma permanente la información del sistema operativo y datos corregidos; una RAM para el programa del usuario y memoria buffer temporal para los canales de entrada/salida.

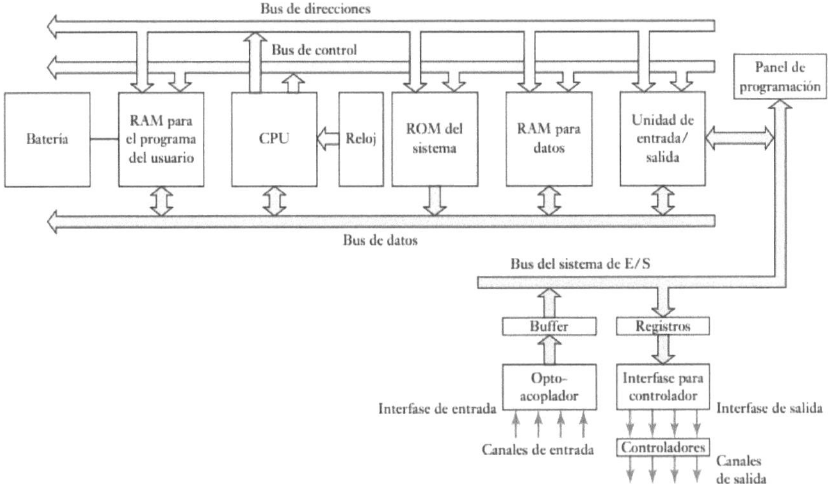

Figura N° 3: Arquitectura de un PLC

1.4.1.3   Entradas/Salidas

La unidad de entrada/salida es la interfaz entre el sistema y el mundo externo y donde el procesador recibe información desde dispositivos externos y comunica información a dispositivos externos. Las interfaces de entrada/salida ofrecen aislamiento y funciones de acondicionamiento de señal de manera que esos sensores y actuadores a menudo pueden conectarse directamente a ellos sin necesitar otro circuito. Las entradas pueden ser desde interruptores que se activan al presentarse algún evento, u otros sensores como sensores de temperatura o sensores de flujo. Las salidas pueden servir para activar las bobinas de arranque de un motor, válvulas solenoides, etc. El aislamiento eléctrico del mundo externo por lo general es por medio de optoaisladores. La Figura N° 4 muestra la forma básica de un canal de entrada. La señal digital que por lo general es compatible con el microprocesador en el PLC es de 5 VDC. Sin embargo, el acondicionamiento de señal en el canal de entrada, con aislamiento, aumenta el rango de señales de entrada. Por lo tanto, se pueden encontrar PLCs con voltajes de entrada de 5 V, 24 V, 110 V y 240 V.

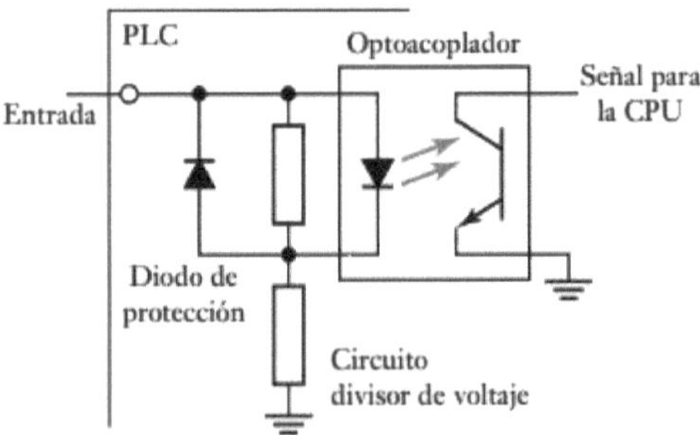

Figura N° 4: Canal de entrada

Las salidas pueden ser del tipo:

- Relevador o relé

- Transistor

- Triac

Con el tipo relé, la señal de salida del PLC se usa internamente para operar un relé y así poder cambiar las corrientes a unos pocos amperes en un circuito externo. El relé aísla el PLC del circuito externo y se puede utilizar para conmutar corriente continua (CD) o corriente alterna (CA). Sin embargo, los relés son relativamente lentos de operar.

El tipo transistor de salida utiliza un transistor para cambiar la corriente en el circuito externo. Esto provoca una acción de cambio más rápido. Los optoaisladores se usan con interruptores de transistor para provocar un aislamiento entre el circuito externo y el PLC. La salida del transistor es sólo para conmutación de corriente continua.

Las salidas tipo triac se pueden utilizar para controlar cargas externas de corriente alterna. Los optoaisladores se emplean nuevamente para proporcionar aislamiento, permitiendo que las salidas sean una señal de 24 V y 100 mA, un voltaje de corriente continua de 110 V y 1 A, o un voltaje de corriente alterna de 240 V y 1 A o 2 A.

1.4.1.4 Programas de entrada

Los programas se introducen dentro de la unidad de entrada/salida desde pequeños dispositivos programados a mano, consolas de escritorio con una unidad de visualización, el teclado y el visualizador de pantalla o por medio de un enlace con una computadora personal (PC) que se carga con un paquete de software apropiado. Sólo cuando el programa se ha diseñado en el dispositivo de programación y está listo, se transfiere a la unidad de memoria del PLC. Una vez desarrollado un programa en RAM puede ser cargado dentro de un chip EPROM y volverlo permanente. Las especificaciones para los PLC pequeños a menudo detallan el tamaño de la memoria del programa en términos de pasos de programas que pueden almacenarse. Un paso de programa es una instrucción para que ocurra algún evento. Una tarea de programa puede consistir en un número de pasos y puede ser, por ejemplo: examinar el estado de un interruptor A, examinar el estado del interruptor B, si A y B están cerrados, entonces energizan la válvula solenoide P que pueden dar como resultado la operación de algún actuador. Cuando esto sucede se inicia otra tarea. Es común que el número de pasos que un PLC pequeño pueda manejar sea de 300 a 1000, lo cual es por lo general adecuado para la mayoría de las situaciones de control.

1.4.1.5 Componentes de hardware del PLC

Un PLC puede contener un casete con una vía en la que se encuentran diversos tipos de módulos, como puede observarse en la Figura N° 5, correspondiente a una PLC de la empresa Siemens:

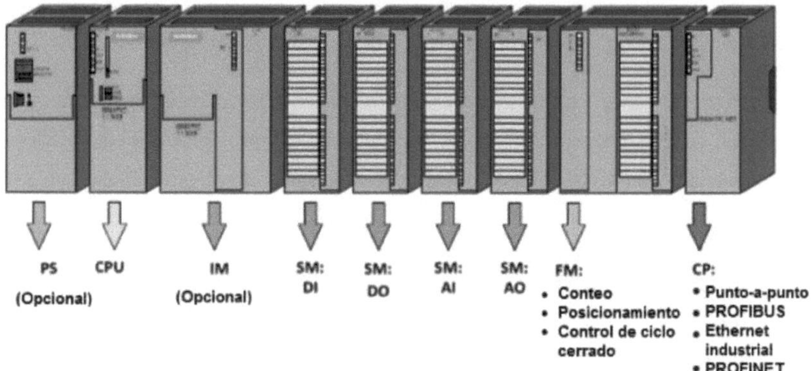

Figura N° 5: Componentes de hardware del PLC

PS (Power Supply): Es la fuente de alimentación, que convierte la energía eléctrica de la fuente de alimentación externa (como la red eléctrica) en la forma de voltaje y corriente necesaria para alimentar los componentes internos del PLC.

CPU: Es la Unidad Central de Procesamiento, que el PLC en sí.

IM: Es el Módulo de Interfaz, que conecta diferentes módulos con un mismo PLC.

SM (Standar Module): Son los módulos de entrada/salida estándar. Pueden ser:

- DI: Entradas Digitales

- DO: Salidas Digitales

- AI: Entrada Analógica

- AO: Salida Analógica

FM (Functional Module): Los módulos FM suelen ser módulos especializados que realizan funciones específicas o proporcionan características adicionales más allá de las capacidades estándar de entrada/salida. Por ejemplo, conteo rápido, regulador PID o control de la posición.

CP (Communication Processor): Es el módulo encargado de conectar el PLC a una red industrial bajo diferentes protocolos, como puede ser Ethernet, PROFIBUS, conexión serie punto-a-punto, etc.

HMI (Interfaz hombre-máquina): Es el dispositivo encargado de proporcionar maneras de interactuar entre el hombre y el PLC, como puede ser pantallas con teclado. Cada módulo de PLC module tiene su propia interfaz HMI básica, utilizada para la visualización de los errores y las condiciones de comunicación, la batería, entradas/salidas, operación de los PLC, etc. Pequeñas pantallas de cristal líquido (LCD) o diodos emisores de luz (LED) se utilizan para la interfaz HMI.

1.4.1.6 Tipos de señales utilizadas por los PLC

Un PLC recibe y transfiere señales eléctricas que representan variables físicas finitas (temperatura, presión etc.). De este modo es necesario incluir en el SM un convertidor de señal para recibir y cambiar los valores a variables físicas. Existen tres tipos de señales en un PLC: señales binarias, digitales y analógicas [2].

1) Señales binarias: señal de un bit con dos valores posibles ("0" – nivel bajo, falso o "1" – nivel alto, verdadero), que se codifican por medio de un botón o un interruptor. Una activación, normalmente abre el contacto correspondiendo con el valor lógico "1", y una no-activación con el nivel lógico "0". Así el IEC 61131 define el rango de -3 - +5 V para el valor lógico "0", mientras que 11 - 30 V se definen como el valor lógico de "1" (para sensores sin contacto) a 24 V DC. Además, a los 230 V AC, la IEC 61131 define el rango de 0 – 40 V para el valor lógico de "0", y 164 – 253 V para el valor lógico "1".

2) Señales digitales: se trata de una secuencia de señales binarias, consideradas como una sola. Cada posición de la señal digital se denomina un bit. Los formatos típicos de las señales digitales son: tetrad – 4 bits (raramente utilizado), byte – 8 bits, word – 16 bits, double word – 32 bits, double long word – 64 bits (raramente utilizado).

3) Señales analógicas: son aquellas que poseen valores continuos, es decir, consisten en un número infinito de valores (ej. en el rango de 0 – 10 V). Hoy en día, los PLCs no pueden procesar señales analógicas reales. De este modo, estas señales deben ser convertidas en señales digitales y viceversa. Esta conversión se realiza por medio de sensores de medidas analógicos (SM), que contienen convertidores analógicos a digital (ADC). La elevada resolución y precisión de la señal analógica puede conseguirse utilizando más bits en la señal digital. Por ejemplo, una señal analógica típica de 0 – 10 V puede ser convertida

con una precisión de 0.1 V, 0.01 V o 0.001 V, dependiendo del número de bits de la señal digital. Otra señal analógica muy popular en ámbito industrial es el lazo de corriente de 4-20mA. Es un tipo de señal analógica en la que la magnitud de la corriente eléctrica varía proporcionalmente con la variable de proceso que se está midiendo o controlando. En este rango, 4 mA suele corresponder al valor mínimo del proceso, mientras que 20 mA suele corresponder al valor máximo. Posee la ventaja de ser menos susceptible a interferencias electromagnéticas y ruidos eléctricos en comparación con las señales de voltaje, y puede transmitirse a largas distancias sin degradación significativa de la señal.

1.4.1.7   Principio de funcionamiento

Un PLC funciona cíclicamente, como se describe a continuación:

1) Cada ciclo comienza con un trabajo interno de mantenimiento del PLC como el control de memoria, diagnostico etc. Esta parte del ciclo se ejecuta muy rápidamente de modo que el usuario no lo perciba.

2) El siguiente paso es la actualización de las entradas. Las condiciones de la entrada de los SMs se leen y convierten en señales binarias o digitales. Estas señales se envían a la CPU y se guardan en los datos de la memoria.

3) Después, la CPU ejecute el programa del usuario, el cual ha sido cargado secuencialmente en la memoria (cada instrucción individualmente). Durante la ejecución del programa se generan nuevas señales de salida.

4) El último paso es la actualización de las salidas. Tras la ejecución de la última parte del programa, las señales de salida (binaria, digital o analógica) se envían a la SM desde los datos de la memoria. Estas señales son entonces convertidas en las señales apropiadas para las señales de los actuadores. Al final de cada ciclo el PLC comienza un ciclo nuevo.

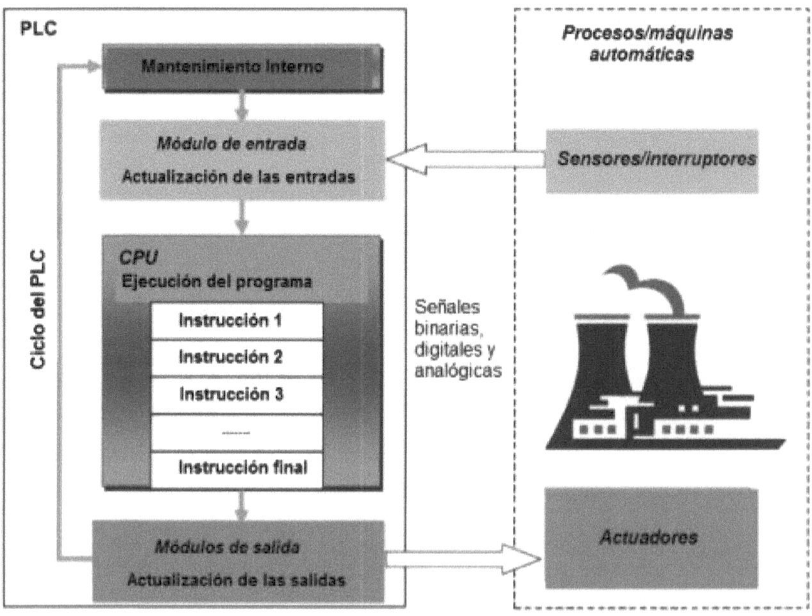

Figura N° 6: Ciclo de operación del PLC Siemens S7-300

1.4.2 Comunicaciones industriales

Las comunicaciones industriales se definen de forma amplia como un sistema de transmisión de datos diseñado para permitir la comunicación entre dispositivos de campo, como sensores, actuadores, controladores y otros equipos y los sistemas de supervisión y control, como sistemas de control de procesos o sistemas de gestión.

Las señales entre periferia y control, inicialmente de tipo analógico y de punto a punto, gracias al desarrollo de la electrónica digital y el auge de los microprocesadores, se convirtieron en un conjunto de señales capaces de transportar información mediante un único medio de transmisión (Bus de Campo).

Dentro de las ventajas que el uso de esta comunicación propone, encontramos la posibilidad de la programación a distancia, supervisión remota, diagnósticos de todos los elementos conectados, modularidad, acceso a la Información de forma prácticamente instantánea, etc.

El estándar de bus de campo IEC 61158 da la siguiente definición: "Un bus de campo es un bus de datos digital, serial, multipunto para la comunicación con dispositivos de control industrial e instrumentación como -pero no limitado a- transductores, actuadores y controladores locales". [3]

1.4.2.1   Niveles de comunicación en una red industrial

La integración de los diferentes equipos y dispositivos existentes en una industria se hace dividiendo las tareas entre grupos de procesadores con una organización jerárquica. Así, dependiendo de la función y el tipo de conexiones, se suelen distinguir cinco niveles en una red industrial: [4]

<u>N1 - Nivel de entrada/salida:</u> es el nivel más próximo al proceso. Este nivel está constituido básicamente por unidades de captación de señales, de actuación y de entrada/salida de datos del proceso o de un operador local. Normalmente estos tipos de redes se caracterizan, por tener mensajes con una longitud reducida, por la fiabilidad e integridad de los mensajes, por la eficiencia del protocolo utilizado, por la velocidad de transmisión y por la técnica de acceso al medio de los dispositivos.

<u>N2 - Nivel de campo:</u> integra pequeños automatismos (PLCs compactos, PIDs, multiplexores de e/s, etc.) en subredes o 'islas'. En el nivel más alto de estas redes se puede encontrar uno o varios autómatas modulares actuando como maestros de la red. En estos dos primeros niveles se emplean los denominados buses de campo, que constituyen el nivel más simple y próximo al proceso dentro de la estructura de las comunicaciones industriales.

<u>N3 - Nivel de control de proceso:</u> Este nivel está constituido por unidades de control (con CPU y programas propios) tales como autómatas, reguladores de procesos, controladores de robots, controladores numéricos, etc., los cuales se encargan del control automático de ciertas partes de la planta. La integración en red de estas unidades permite el intercambio de datos e información útil para el control global del proceso. En este nivel es donde se suelen emplear las redes de tipo LAN (MAP o Ethernet).

<u>N4 - Nivel de control de producción:</u> Este nivel incluye una serie de unidades destinadas al control global del proceso, tales como ordenadores de proceso, terminales de diálogo, terminales de enlace con otros departamentos de la empresa, etc. Desde estas unidades se tiene acceso a la mayor parte de las variables del proceso, generalmente con el propósito de supervisarlas, presentarlas, registrarlas y/o

almacenarlas, cambiar consignas, alterar programas y obtener datos para su posterior procesamiento.

N5 - Nivel de gestión o dirección: Este nivel incluye la comunicación con ordenadores de gestión y se encarga del procesamiento de los datos, obtenidos en el nivel anterior, y su uso en análisis estadísticos, control de fabricación, control de calidad, gestión de existencias y dirección general. En algunos casos, las unidades de este nivel pueden disponer de conexiones a redes más amplias de tipo WAN propietarias y/o estándares de difusión de Internet.

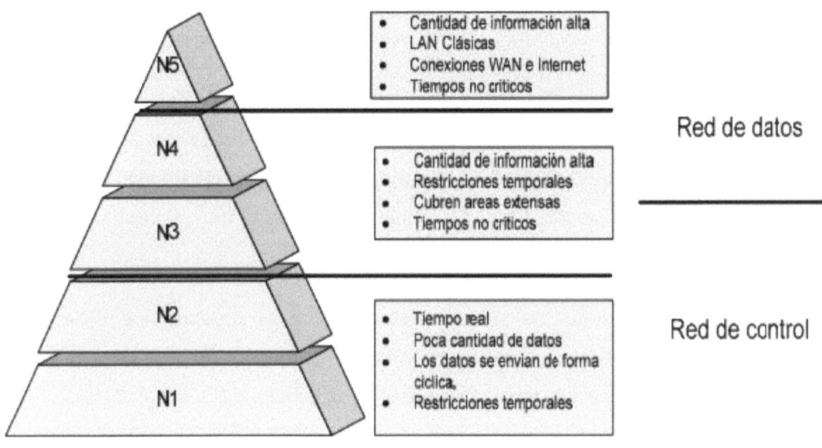

Figura N° 7: Jerarquía de comunicaciones industriales

1.4.2.2   Modos de transmisión de datos

1.4.2.2.1 Transmisión de datos en paralelo

Los buses de datos en paralelo transmiten simultáneamente 8, 16 o 32 bits. En este tipo de comunicación cada bit de datos y cada señal de control dispone de una línea dedicada del bus. Para transmitir una palabra completa de 8 bits se necesitan 8 líneas de datos. Junto con estas líneas de datos, también son necesarias líneas de control de flujo. La transmisión de datos en paralelo permite alcanzar altas velocidades en la transferencia de datos, pero su cableado e interfaces resultan más costosos que los de una transmisión serie. La contrapartida es que este tipo de conexiones es muy vulnerable a las interferencias electromagnéticas por lo que se utiliza en distancias muy cortas de transmisión de datos. [4]

Se mide en bits, o líneas de comunicación. Así tenemos buses de 8, 16, 32, 64, 128 bits.

1.4.2.2.2 Transmisión de datos en serie

La transmisión de datos se realiza bit a bit, secuencialmente, por la misma línea, junto con los bits de control de la transmisión, utilizando sólo dos conductores. Dado que los bloques de información se transmiten de manera secuencial y no simultánea, la velocidad de transferencia de los datos es mucho menor que en el caso de la transmisión de datos en paralelo, para la misma tasa de transferencia de bits. Sin embargo, este tipo de transmisión resulta más económica. [4]

Para sincronizar emisor y receptor se pueden utilizar dos métodos:

Asíncrono: Emisor y receptor trabajan a la misma velocidad y con el mismo número de bits por mensaje. Una señal determinada (start bit) indica el inicio del mensaje, y el receptor comienza el muestreo de la señal presente en el medio. Este método requiere precisión en las operaciones de muestreo (periodos de reloj constantes en el tiempo).

Síncrono: Una señal de reloj adicional indica al receptor los instantes de muestreo de señal. Este método requiere una línea de comunicación adicional. La ventaja de este método es que el receptor solo debe seguir los flancos de la señal de reloj.

1.4.3 Protocolos de comunicación

Una vez tenemos definido el soporte físico y las características de la señal a transmitir, hay que determinar la forma en la cual se va a realizar el intercambio de información (sincronización entre los extremos de línea, detección y corrección de errores, gestión de enlaces de comunicación, etc.).

El protocolo de comunicación engloba todas las reglas y convenciones que deben seguir dos equipos cualesquiera para poder intercambiar información. [5]

1.4.4 Protocolos de Comunicación en la Automatización Industrial

Visión general de los protocolos más utilizados en sistemas de control y automatización:

1.4.4.1   Protocolos serie

RS-232: Diseñado para comunicaciones entre un terminal de control y un sistema en el campo, como un sensor. Se limita a distancias cortas y bajas velocidades de transmisión, conectando únicamente dos dispositivos (idóneo para redes punto a punto). Los conectores que utiliza se limitan al DB-25 y al DB-9.

Figura N° 8: Conector DB-9 para comunicaciones RS-232

RS422: incrementa el alcance (distancia de transmisión) y la velocidad respecto al protocolo RS232, además de ser más resistente al ruido electromagnético, pero su principal virtud es que se puede utilizar en topologías punto a punto o multipunto, como las redes de estrella. No está limitado en cuanto a los conectores que se pueden utilizar.

RS485: también es multipunto y puede operar a grandes distancias. Al tener dos cables a diferencia del RS422, puede conectar múltiples controladores con múltiples dispositivos sobre el campo, aunque esto lleva a que su programación no sea tan simple como los dos anteriores.

1.4.4.2   Protocolos de bus de campo

La asociación Foundation Fieldbus proporciona la siguiente definición respecto a los buses de campo:

"Un enlace de comunicación, digital, bidireccional y multiacceso que permite la comunicación entre medidores inteligentes y dispositivos de control. Esto es servido como una red de área local para procesos de control avanzados, entradas y salidas remotas y aplicaciones de automatización de alta velocidad." [5]

Los buses de campo reemplazan el cableado punto a punto tradicional con una única línea de comunicación, lo que simplifica el diseño y reduce el costo del sistema. Permiten la transmisión de datos y comandos en tiempo real, lo que mejora la eficiencia y la fiabilidad de los sistemas de control industrial.

A continuación, se presentan los protocolos más utilizados en redes industriales:

1.4.4.2.1 *Profibus (Field Bus Process)*

Es un estándar de bus de campo, desarrollado en el año 1987 por las empresas alemanas Bosch, Klöckner Möller y Siemens. Se trata de una red abierta, estándar, independiente de cualquier fabricante que cuenta con varios perfiles y que se adapta a las condiciones de las aplicaciones de automatización industrial. [5]

Los perfiles con los que cuenta son:

- Profibus FMS (Fieldbus Message Specification): Está orientado al intercambio de grandes cantidades de datos entre autómatas. En este tipo de transmisión es más interesante la funcionalidad que la rapidez, con lo que los tiempos de reacción son más lentos. Generalmente, la transmisión de datos es de tipo acíclico (controlada por programa). [6].

- Profibus DP (Decentralized Periphery): Es una solución de alta velocidad, diseñada y optimizada para la comunicación entre los sistemas de automatización y los dispositivos distribuidos.

- Profibus PA (Process Automation): Es una solución orientada a la aplicación de procesos.

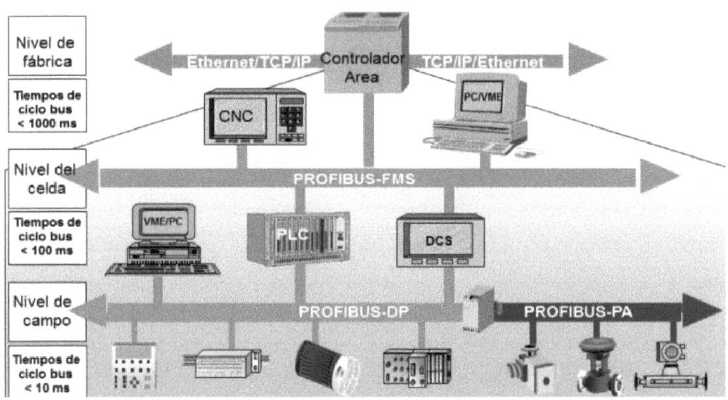

Figura N° 9: Red Profibus

1.4.4.2.2 ModBus

Es un protocolo desarrollado por Modicon en 1979, utilizado para establecer comunicaciones Maestro-Esclavo y Cliente-Servidor entre dispositivos inteligentes y con dispositivos de campo. [6]

Define una estructura de mensaje que los controladores pueden reconocer y utilizar sin tener en cuenta el tipo de red que éstos utilizar para comunicarse. Durante las comunicaciones llevadas a cabo en una red Modbus, el protocolo determina cómo cada controlador reconocerá las direcciones, si un mensaje está dirigido a él, determinar la acción a llevar a cabo y extraer los datos del mensaje. De la misma manera se define el protocolo y acciones de respuesta.

Existen dos variantes principales:

- ModBus RTU: ideal para la monitorización remota vía radio de elementos de campo (RTU, Remote Terminal Unlt), tales como los utilizados en estaciones de tratamiento de aguas, gas o instalaciones petrolíferas. Actualmente está implementándose en sectores ajenos a su idea original, tales como la domótica o el control de procesos (climatización, control de procesos, bombeos, etc.). Utiliza una comunicación serie, como RS-232 o RS-485.

- ModBus TCP/IP: Proporciona una comunicación Cliente/Servidor entre dispositivos conectados en una red Ethernet TCP/IP.

1.4.4.2.3   *Hart*

El protocolo de comunicación HART (Highway Addressable Remote Transducer) es ampliamente difundido en la industria de procesos, utilizado para la comunicación digital con instrumentos de campo inteligentes.

HART es un protocolo híbrido que combina señales analógicas y digitales. Funciona superponiendo una señal digital sobre la señal analógica 4-20 mA tradicional. Esto permite la comunicación bidireccional sin interferir con la señal analógica continua. La señal digital se modula utilizando el método de modulación por desplazamiento de frecuencia (FSK), donde dos frecuencias (1200 Hz y 2200 Hz) representan los bits 1 y 0 (Figura N° 10).

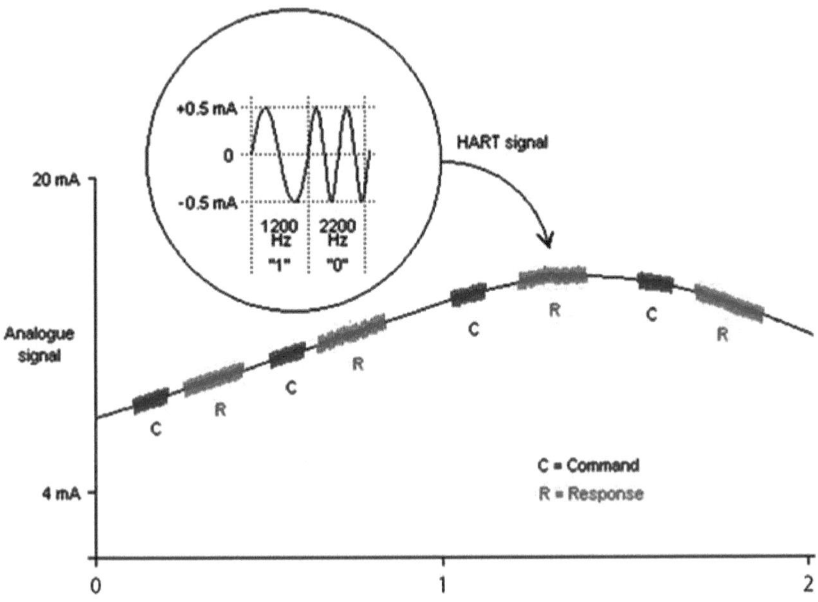

Figura N° 10: Codificación de bits FSK en el protocolo Hart

Cada aparato podrá transferir hasta 256 datos del tipo: medida, parámetros, estado, ajustes, etc. La alimentación se suministra por el mismo cable. Permite conectar hasta 15 dispositivos sobre un mismo cable o bus.

Los dispositivos basados en el protocolo Hart son los únicos capaces de soportar comunicación analógica 4-20mA y la digital en mismo cable, lo cual permite utilizar los dos canales de forma simultánea para verificar la integridad de los lazos de control y permitir mantenimiento preventivo en procesos delicados. [6]

1.4.4.2.4 Fieldbus Foundation

Fieldbus Foundation es la organización dedicada a la consecución de unas especificaciones orientadas a crear un bus de campo único y abierto, así como elementos de hardware y software para las compañías que lo quieran integrar en sus productos.

Gracias a la interoperabilidad digital entre instrumentos de campo y sistemas de múltiples proveedores, ofrece la posibilidad de añadir nuevos elementos al sistema de control con la seguridad de que las funciones de control del bus no se verán afectadas. [6]

Puede comunicar grandes volúmenes de información y proporciona herramientas dedicadas de control y comunicación para la ejecución periódica y precisa de las funciones de control, eliminando los tiempos muertos y demás problemas que provocan las comunicaciones Protocolos Ethernet industrial.

1.4.4.3 Ethernet industrial

Ethernet Industrial es una versión adaptada del protocolo Ethernet estándar utilizado en redes de área local (LAN) para satisfacer las necesidades de automatización industrial y aplicaciones de control. Esta adaptación incluye mejoras en la robustez, la fiabilidad, el determinismo y la seguridad, haciendo adecuado para entornos industriales rigurosos y aplicaciones críticas.

El uso de los PCs, LANs e Internet provee una gran cantidad de servicios y productos de los cuales la industria puede sacar beneficio. Básicamente, algunos de estos beneficios son: el uso de la infraestructura existente de cableado Ethernet en una empresa, que reduce significativamente costes de instalación, el fácil acceso a la red utilizando un PC conectado directamente a Internet, el coste razonable de la tecnología de interconexión Ethernet, etc. [7]

1.4.4.3.1 Ethernet/IP

Ethernet/IP (EIP) es un protocolo de alto nivel situado en la capa de aplicación desarrollado para el entorno de automatización industrial. Trabaja con la pila de protocolo TCP/IP, usando todo el hardware y software tradicional en Ethernet para la configuración, el acceso y el control de los dispositivos de automatización industrial. Ethernet/IP clasifica los nodos Ethernet como tipos de dispositivos predefinidos con características específicas.

Utiliza todos los protocolos de transporte y control tradicionales en Ethernet convencional, incluyendo TCP, IP y acceso al medio encontrados en interfaces de red y dispositivos existentes en el mercado. [7]

1.4.4.3.2 Profinet

Profinet (Process Field Net) es un estándar de comunicación industrial desarrollado por Siemens y gestionado por la organización PROFIBUS & PROFINET International (PI). Está basado en Ethernet y diseñado para la automatización industrial.

Permite la integración de buses de campo (en particular PROFIBUS) de forma simple y sin realizar modificación alguna. De esta manera, las técnicas regularizadas y establecidas por IT (information technology) en el área de la ofimática también pueden ser usadas en el mundo de la automatización, permitiendo enlazar el nivel de planificación de recursos de la empresa con el nivel de producción y el nivel de campo. [8]

Con la creciente adopción del Internet de las Cosas (IoT) y la Industria 4.0, Profinet está incorporando características avanzadas de ciberseguridad, mayor integración con sistemas de TI y mejoras en la velocidad y el rendimiento para soportar aplicaciones más exigentes.

1.4.4.4 Protocolos en sistemas inalámbricos

Las redes inalámbricas son redes que utilizan ondas de radio para conectar los dispositivos, sin la necesidad de utilizar cables de ningún tipo, proporcionando flexibilidad y reduciendo los costos de instalación y mantenimiento.

Existen varios sistemas, que se distinguen entre ellos según su alcance o capacidad, siendo cada uno de ellos adecuado para diferentes tareas.

Según el área de aplicación y el alcance de la señal, se pueden clasificar como muestra la Figura N° 11.

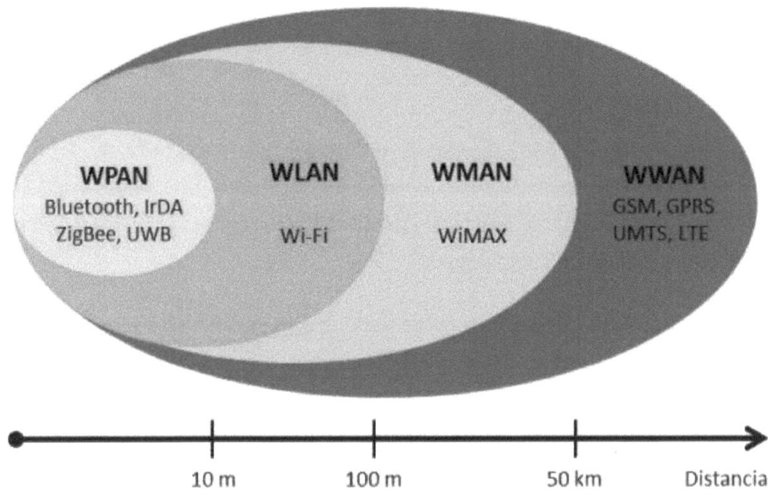

Figura N° 11: Clasificación de las redes inalámbricas [9]

Se van a analizar los protocolos inalámbricos más difundidos en el ámbito de automatización industrial y adquisición de datos.

1.4.4.4.1 Wi-Fi (IEEE 802.11)

Wi-Fi es una tecnología basada en los estándares IEEE 802.11 que utiliza frecuencias de radio (RF) para extender las redes de área local (LAN) cableadas basadas en Ethernet a dispositivos habilitados para Wi-Fi, lo que permite a los dispositivos recibir y enviar información desde Internet.

Utiliza el Protocolo de Internet (IP) para comunicarse entre los dispositivos de punto final y la red LAN. Se establece una conexión Wi-Fi mediante un punto de acceso inalámbrico que está conectado a la red y permite que los dispositivos accedan a Internet.

1.4.4.4.2 Bluetooth

El Bluetooth es un estándar para la interconexión inalámbrica de corto alcance de teléfonos móviles, computadoras y otros dispositivos electrónicos.

Envía y recibe ondas de radio en una banda de 79 frecuencias diferentes (canales) centradas en 2,45 GHz, aisladas de radio, televisión y teléfonos celulares, y está reservada para el uso de dispositivos industriales, científicos y médicos. Los transmisores de corto alcance de Bluetooth tienen un consumo de energía muy bajo y son más seguros que las redes inalámbricas que operan en rangos más extensos, como el Wi-Fi.

1.4.4.4.3   ZigBee

ZigBee es un protocolo de red de área local (LAN) de malla de 2,4 GHz. Fue desarrollado como una especificación basada en IEEE 802.15.4 para un conjunto de protocolos de comunicación de alto nivel utilizados para crear redes de área personal con radios digitales pequeños de baja potencia.

Los dispositivos ZigBee transmiten datos a largas distancias al pasarlos a través de una red de malla de dispositivos intermedios para llegar a los más distantes, a una tasa definida de 250 kbps.

Se usa normalmente en aplicaciones de baja velocidad de datos que requieren alta escalabilidad, larga duración de la batería y redes seguras. Es más simple y menos costoso que el Bluetooth o Wi-Fi y se usa comúnmente para aplicaciones de automatización doméstica, de edificios e industriales, como la iluminación controlada y termostatos, monitores de energía para el hogar, medición inteligente, recolección de datos de dispositivos médicos, sistemas de gestión de tráfico y para aplicaciones de bajo ancho de banda. [9]

1.4.4.4.4   MQTT

MQTT (Message Queuing Telemetry Transport) es un protocolo de mensajería ligero diseñado para la comunicación máquina a máquina (M2M) y la Internet de las Cosas (IoT). Es especialmente adecuado para aplicaciones donde el ancho de banda es limitado, la red es poco fiable o los dispositivos tienen recursos limitados.

El protocolo MQTT se ha convertido en un estándar para la transmisión de datos de IoT, ya que ofrece los siguientes beneficios:

- **Ligero y eficiente**: La implementación de MQTT en el dispositivo IoT requiere recursos mínimos, por lo que se puede usar incluso en pequeños microcontroladores. Por ejemplo, un mensaje de control MQTT mínimo puede tener tan solo dos bytes de datos. Los encabezados de los mensajes MQTT también son pequeños para poder optimizar el ancho de banda de la red.

- **Escalable**: La implementación de MQTT requiere una cantidad mínima de código que consume muy poca energía en las operaciones. El protocolo también tiene funciones integradas para admitir la comunicación con una gran cantidad de dispositivos IoT. Por tanto, puede implementar el protocolo MQTT para conectarse con millones de estos dispositivos.

- **Fiable:** Muchos dispositivos IoT se conectan a través de redes celulares poco fiables con bajo ancho de banda y alta latencia. MQTT tiene funciones integradas que reducen el tiempo que tarda el dispositivo IoT en volver a conectarse con la nube. También define tres niveles diferentes de calidad de servicio a fin de garantizar la fiabilidad para los casos de uso de IoT: como máximo una vez (0), al menos una vez (1) y exactamente una vez (2).

- **Seguro**: MQTT facilita a los desarrolladores el cifrado de mensajes y la autenticación de dispositivos y usuarios mediante protocolos de autenticación modernos, como OAuth, TLS1.3, certificados administrados por el cliente, etc.

- **Admitido**: Varios lenguajes, como Python y C++, tienen un amplio soporte para la implementación del protocolo MQTT. Por lo tanto, los desarrolladores pueden implementarlo rápidamente con una codificación mínima en cualquier tipo de aplicación.

Principio de funcionamiento de MQTT:

El protocolo MQTT funciona según los principios del modelo de publicación o suscripción. En la comunicación de red tradicional, los clientes y servidores se comunican directamente entre sí. Los clientes solicitan recursos o datos del servidor, y el servidor procesa y envía una respuesta. Sin embargo, MQTT utiliza un patrón de publicación o suscripción para desacoplar el remitente del mensaje (publicador) del receptor del mensaje (suscriptor). Un tercer componente, denominado agente de mensajes o "bróker", controla la comunicación entre publicadores y suscriptores. El trabajo del broker consiste en filtrar todos los mensajes entrantes de los editores y distribuirlos correctamente a los suscriptores. El agente desacopla los publicadores y suscriptores de la siguiente manera:

Desacoplamiento espacial: El publicador y el suscriptor no conocen la ubicación de la red del otro y no intercambian información como direcciones IP o números de puerto.

Desacoplamiento de tiempo: El publicador y el suscriptor no se ejecutan ni tienen conectividad de red al mismo tiempo.

Desacoplamiento de sincronización: Tanto los publicadores como los suscriptores pueden enviar o recibir mensajes sin interrumpirse entre sí. Por ejemplo, el suscriptor no tiene que esperar a que el publicador envíe un mensaje. [10]

1.4.4.5 Protocolos de comunicación para Arduino

En el ámbito de Arduino, se utilizan varios protocolos de comunicación que permiten la interacción entre el microcontrolador y otros dispositivos, sensores, actuadores y sistemas. A continuación, se describen algunos de los protocolos más comunes utilizados con Arduino:

1.4.4.5.1 Serial (UART)

El protocolo de comunicación UART (Universal Asynchronous Receiver-Transmitter) es un protocolo de comunicación serie y síncrono que emplea dos puertos para enviar y recibir información, Tx y Rx, respectivamente. [12]

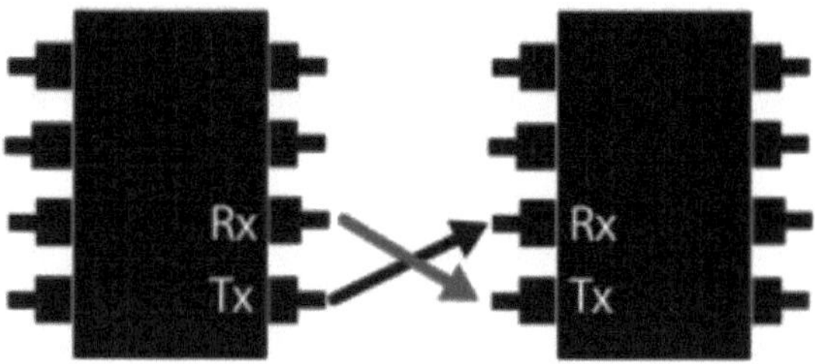

Figura N° 12: Conexión de puertos UART [12]

Que sea asíncrono significa que no hay una señal de reloj que coordine tanto al emisor como al receptor. Estos se coordinan utilizando bits de inicio y de parada presentes en el mensaje a enviar. Para que dos dispositivos comunicándose por UART puedan entenderse, es necesario que el protocolo de comunicación que estén utilizados posea la misma configuración en ambos dispositivos, para que puedan codificar y decodificar los datos transmitidos. Los parámetros de configuración son los siguientes:

- Bits de datos: cuantos bits de datos posee un paquete de datos. Representan la información que se quiere transmitir (números, caracteres, instrucciones, etc.).

- Bit de inicio y de parada: son bits que se utilizan para especificar el inicio y el fin de un paquete de datos.

- Bit de paridad: el bit de paridad se utiliza para detectar errores en el paquete de datos. En caso de que el receptor detecte (gracias al bit de paridad) que un paquete de datos contiene errores, le pide al transmisor que envíe ese paquete de datos nuevamente.

- Velocidad de transmisión de los datos: este valor se especifica en baudios por segundo, siendo un baudio un símbolo transmitido. Dependiendo del esquema de modulación, un símbolo puede representar uno o más bits de información. En el caso de Arduino, se cumple que 1 baudio = 1 bit.

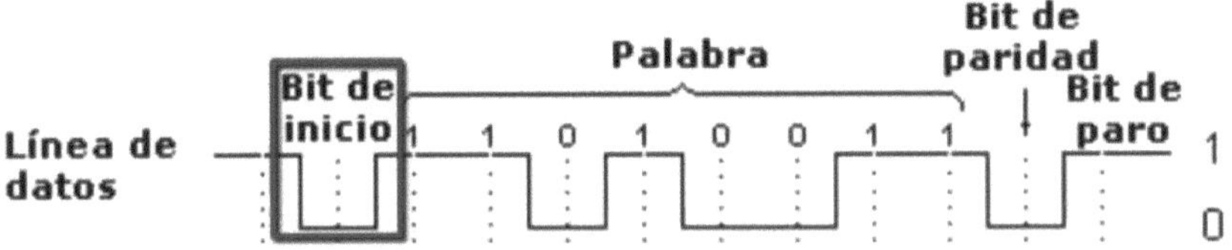

Figura N° 13: Paquete de datos de una transmisión serie

La configuración más común es la 8N1 (8 bits de datos, ninguno de paridad y 1 bit de parada). Esta es la configuración estándar que utiliza Arduino.

1.4.4.5.2 *Protocolo I2C*

El protocolo I2C (Inter-Integrated Circuit) es un protocolo de comunicación serie y síncrono. También se lo conoce por el nombre de TWI (Two Wired Interface). Este protocolo funciona con una arquitectura maestro-esclavo, es decir que en este tipo de arquitectura hay dos tipos de dispositivos:

- Maestro: Es el que inicia y coordina la comunicación. El maestro se encarga de establecer comunicación con cada uno de los esclavos ya sea para enviar o recibir datos. Cuando se trabaja con I2C con Arduino, generalmente es la placa Arduino la que opera como maestro.

- Esclavo: Los esclavos están a la espera de que un maestro se comunique con ellos, ya sea para recibir datos o para enviarlos. Generalmente, son los periféricos, sensores y actuadores los que trabajan como esclavos en una comunicación I2C, aunque es usual también que un microcontrolador tenga que operar como esclavo.

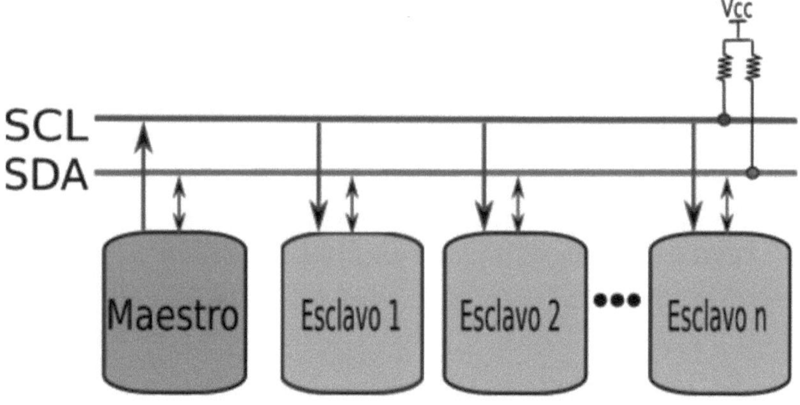

Figura N° 14: Comunicación I2C

Como se observa en la figura, en I2C sólo se necesitan 2 cables:

- SDA (Serial Data): Es por donde viaja la información en serie.

- SCL (Serial Clock): Es la señal de reloj que sincroniza la comunicación.

En I2C, cada esclavo tiene asignado una única dirección. El maestro utiliza esa dirección para enviar o recibir información hacia o desde ese esclavo particular. En la Figura N° 15 se observa una cómo está compuesto un mensaje de una comunicación I2C:

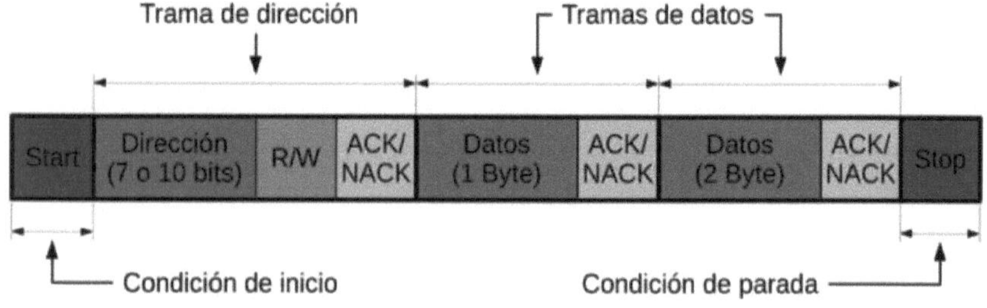

Figura N° 15: Composición de un mensaje en I2C

El mensaje está compuesto de la siguiente manera:

- La condición de inicio (Start) hace que los dispositivos esclavos estén atentos puesto que se va a iniciar una comunicación.

- La trama de dirección indica la dirección del esclavo con el cual se quiere establecer la comunicación.

- El bit R/W indica si se quiere enviar información desde el maestro al esclavo o viceversa.

- Las tramas de datos contienen los datos (en lenguaje binario) que se quieren transmitir.

- Los bits ACK/NACK (del inglés acknowledgement) o bits de reconocimiento son enviados por el dispositivo receptor de los datos para indicarle al emisor que los ha recibido. En el caso de la trama de dirección, el esclavo utiliza el bit ACK para indicarle al maestro que es ese esclavo con el cual se quiere comunicar.

- El bit Stop se utiliza para indicar que la comunicación ha terminado y se desea liberar el bus SDA.

El protocolo de comunicación I2C es un protocolo de comunicación síncrono, lo que implica que hay una línea común a todos los dispositivos por la cual circula la señal de reloj. En el caso de I2C esta línea es SCL.

La señal de reloj es un tren de pulsos, cuando dicha señal alcanza un valor "alto" ambos dispositivos que se están comunicando leen el estado de la señal de datos en la línea SDA. [11]

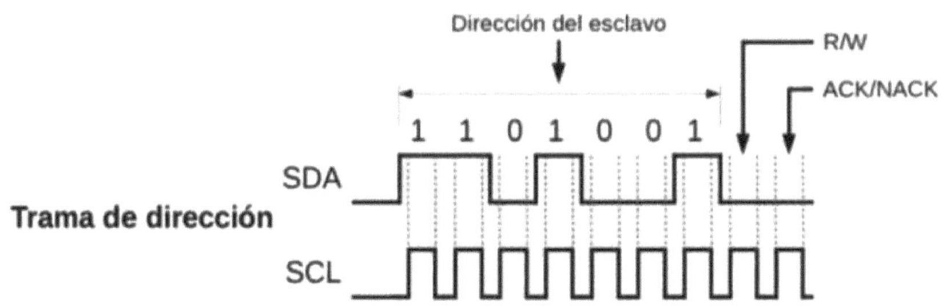

Figura N° 16: Sincronización de señal en I2C

1.4.4.5.3 *Protocolo SPI*

El protocolo de comunicación SPI (Serial Peripheral Interface) es un protocolo de comunicación serie y síncrono de cuatro hilos, que emplea una arquitectura maestro-esclavo tal y como se muestra en la Figura N° 17.

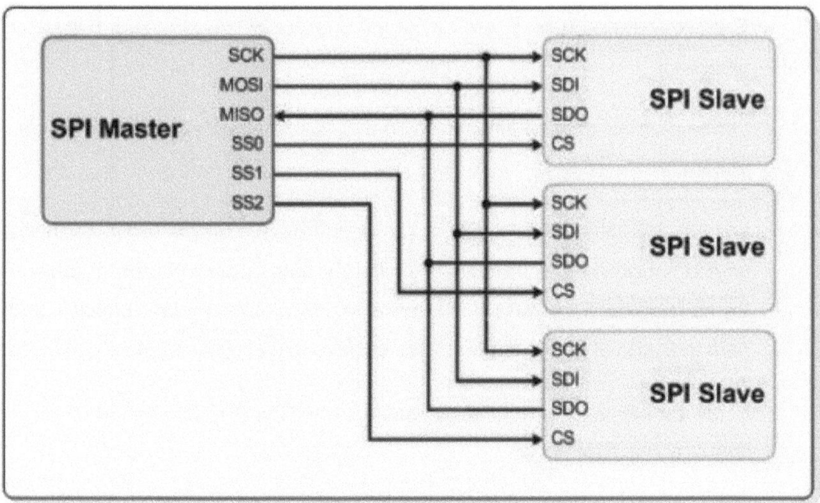

Figura N° 17: Comunicación SPI

A diferencia del I2C, en SPI cada esclavo tiene su propia línea de selección de esclavo. Se presente el significado de cada línea de SPI a continuación:

- Master Out, Slave In (MOSI): en esta línea el maestro le envía datos al esclavo.

- Master In, Slave Out (MISO): en esta línea el esclavo le envía datos al maestro.

- Serial Clock (SCK): es la señal de reloj que sincroniza la comunicación.

- Slave Select (SS): esta línea le dice a un esclavo particular que se active, ya sea para enviar datos o para recibirlos.

Una diferencia con respecto a I2C es que SPI tiene dos cables de datos (MOSI y MISO), por lo que tanto maestro como esclavos pueden enviar y recibir datos al mismo tiempo: es una comunicación full-dúplex. [11]

1.4.5 Open Source y Open Hardware

El término "open source" (código abierto) hace referencia a un enfoque de desarrollo de software que promueve la accesibilidad, la transparencia y la colaboración. En un proyecto de código abierto, el código fuente del software está disponible públicamente para su visualización, modificación y redistribución por parte de cualquier persona.

El software open source posee la ventaja de poder ser desarrollado de manera descentralizada y colaborativa, nutriéndose de la revisión entre compañeros y la producción de la comunidad. Además, suele ser más económico, flexible y duradero que sus alternativas propietarias, ya que las encargadas de su desarrollo son las comunidades y no un solo autor o una sola empresa [12].

Figura N° 18: Logo de Open source initiative

Open source initiative es una organización sin fines de lucro dedicada a difundir y defender los principios y prácticas del software de código abierto, la cual define los términos que se deben cumplir para la distribución de software de código abierto. A continuación, se presentan los tópicos tratados en la misma [13]:

1. Redistribución Libre

2. Código Fuente

3. Trabajos Derivados

4. Integridad del Código Fuente del Autor

5. No Discriminación Contra Personas o Grupos

6. No Discriminación Contra Campos de Acción

7. Distribución de la Licencia

8. La Licencia no Debe Ser Específica para un Producto

9. La Licencia no Debe Restringir Otro Software

10. La Licencia Debe Ser Neutral en Tecnología

El término "Open hardware" se refiere a un enfoque similar al de "Open Source", pero aplicado al diseño y la fabricación de hardware físico, como placas de circuito impreso (PCB), dispositivos electrónicos y máquinas.

Figura N° 19: Logo de Open source hardware

La OSHWA, en inglés Open Source Hardware Association, establece la definición formal de Hardware de Fuentes Abiertas, denominada Declaración de Principios 1.0:

Hardware de Fuentes Abiertas (OSHW en inglés) es aquel hardware cuyo diseño se hace disponible públicamente para que cualquier persona lo pueda estudiar, modificar, distribuir, materializar y vender, tanto el original como otros objetos basados en ese diseño. Las fuentes del hardware (entendidas como los ficheros fuente) habrán de estar disponibles en un formato apropiado para poder realizar modificaciones sobre ellas. Idealmente, el hardware de fuentes abiertas utiliza componentes y materiales de alta disponibilidad, procesos estandarizados, infraestructuras abiertas, contenidos sin restricciones, y herramientas de fuentes abiertas de cara a maximizar la habilidad de los individuos para materializar y usar el hardware. El hardware de fuentes abiertas da libertad de controlar la tecnología y al mismo tiempo compartir conocimientos y estimular la comercialización por medio del intercambio abierto de diseños [14].

Los términos que se deben cumplir para la distribución de Hardware de fuentes abiertas son:

1. Documentación

2. Alcance

3. Programas informáticos necesarios

4. Obras derivadas

5. Libre redistribución

6. Atribución

7. No discriminación a personas o grupos

8. No discriminación a campos de aplicación

9. Distribución de la licencia

10. La licencia no será específica a un producto

11. La licencia no deberá restringir otro Hardware o software

12. La licencia será neutra en términos tecnológicos

1.4.5.1 Ventajas del Open Source

- **Transparencia y Libertad:** El acceso al código fuente permite a los usuarios comprender cómo funciona un software, lo que promueve la transparencia y la libertad para modificarlo según sus necesidades.

- **Innovación Colaborativa:** El modelo de desarrollo abierto fomenta la colaboración entre desarrolladores de todo el mundo, lo que puede conducir a una mayor innovación y a la creación de mejores productos.

- **Costo Reducido:** El software de código abierto generalmente es gratuito o tiene un costo significativamente menor que el software propietario.

- **Flexibilidad y Personalización:** Los usuarios tienen la libertad de modificar el software para adaptarlo a sus necesidades específicas.

- **Comunidad Activa de Desarrollo:** Los proyectos de código abierto suelen tener una comunidad activa de desarrolladores y usuarios que ofrecen soporte técnico, solucionan problemas y contribuyen al desarrollo continuo del software.

1.4.5.2 Ventajas del Open Hardware

- **Acceso a Diseños y Esquemas:** El acceso abierto a los diseños y esquemas de hardware permite comprender cómo funciona un dispositivo y facilita la modificación y mejora del diseño.

- **Libertad de Fabricación:** Los usuarios tienen la libertad de fabricar y ensamblar sus propios dispositivos utilizando los diseños de hardware abiertos.

- **Transparencia y Confianza:** Se promueve la transparencia y la confianza al permitir que los usuarios inspeccionen y verifiquen los diseños y componentes.

- **Colaboración y Comunidad**: Los proyectos de hardware abierto suelen contar con una comunidad activa de diseñadores, fabricantes y usuarios que colaboran en el desarrollo y la mejora continua de los dispositivos.

- **Personalización y Adaptabilidad:** Permite la personalización y adaptación de dispositivos según las necesidades.

1.4.6 Arduino

Arduino es una herramienta de diseño y prototipado de electrónica que une el "Open Source Hardware" y el "Open Source" en un solo producto. Consiste en una placa de circuito impreso con un microcontrolador y un entorno de desarrollo integrado (IDE) que permite escribir, cargar y ejecutar programas en el microcontrolador [15].

Figura N° 20: Placa de desarrollo Arduino UNO

El microcontrolador de Arduino es generalmente un chip de la familia AVR de Atmel (ahora parte de Microchip Technology) o de la familia ARM. La placa de Arduino incluye varios puertos de entrada/salida digitales y analógicos que permiten conectar sensores, actuadores y otros componentes electrónicos.

El entorno de desarrollo Arduino (Figura N° 21) proporciona una biblioteca de funciones y ejemplos que simplifican la programación. Los programas de Arduino, llamados "sketches", están escritos en un lenguaje de programación basado en C/C++.

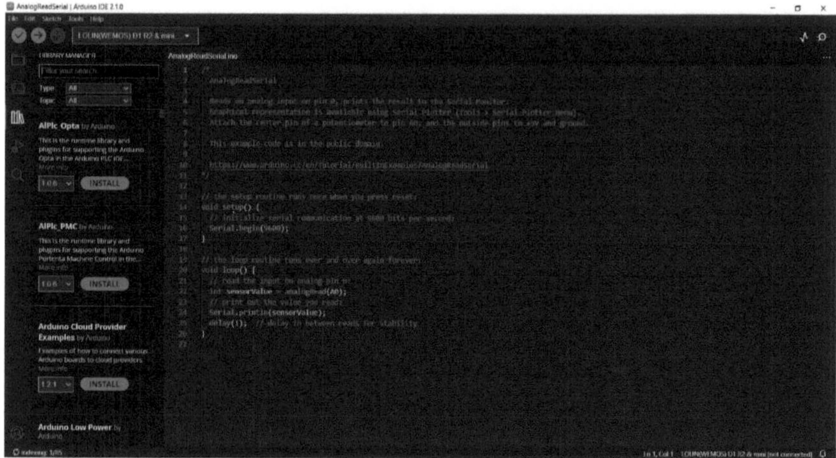

Figura N° 21: Entorno de Desarrollo Integrado de Arduino (IDE)

Su comunidad activa y colaborativa, junto con su extensa documentación y tutoriales, hacen que Arduino sea una herramienta poderosa para estudiantes, aficionados y profesionales.

1.4.6.1 Módulos para Arduino

Gracias a la gran difusión y popularidad que ha adquirido el entorno de desarrollo Arduino, ha surgido una gran variedad de módulos que se adaptan al mismo para expandir sus capacidades. Estos comprenden no solo el hardware, sino que también incluyen el código necesario para utilizar sus funcionalidades. A continuación, veremos en detalle los módulos que han sido implementados en este proyecto.

1.4.6.1.1 Módulo de salidas a relé

Este módulo proporciona la capacidad de comandar una salida a relé a través de un pin digital de Arduino, lo cual es muy útil para controlar cargas superiores a la que podría manejar nuestra placa. Posee un circuito optoacoplado, el cual activa la bobina del relé a través de una señal digital (según el modelo, puede activarse con un cero o con un uno). En el mercado se consiguen comúnmente de 1, 2, 4, 8 y hasta 16 canales.

Para conectarse, el módulo viene previsto de un pin VCC, que corresponde a la alimentación, un GND que corresponde a tierra o negativo, y los pines de señal que activan cada uno de los relés.

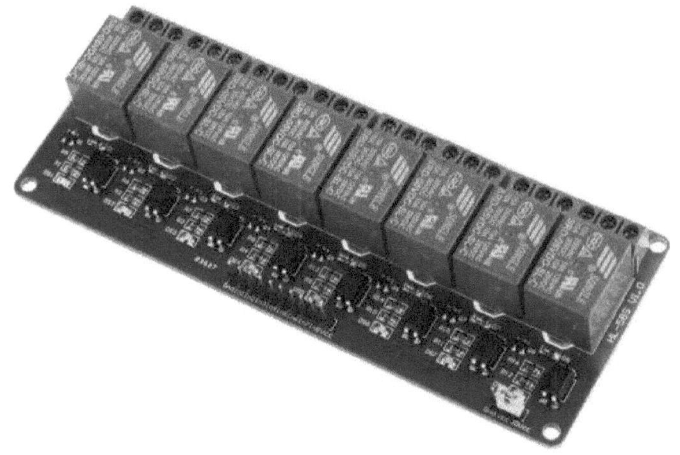

Figura N° 22: Modulo relé 8 canales

1.4.6.1.2   Pantalla LCD

Las pantallas LCD (Liquid Crystal Display) son dispositivos de visualización que permiten mostrar información de texto de forma alfanumérica o numérica.

Está compuesta por una matriz de píxeles que pueden mostrar texto, números y gráficos. La resolución y el tamaño de la pantalla pueden variar según el modelo, siendo los más comunes el LCD 16×2 (2 filas y 16 caracteres) (Figura N° 23), de 20×4, 20×2 y 40×2. Vienen con una retroiluminación LED que permite ver la pantalla en entornos con poca luz, que puede ser de color azul, amarillo o verde.

Figura N° 23: Pantalla LCD 1602

Las pantallas LCD se pueden conectar al Arduino a través de diferentes interfaces de comunicación, como paralela, serie (SPI) o I2C. La interfaz I2C es comúnmente utilizada ya que requiere menos pines y facilita la conexión, pero requiere la incorporación de un módulo de interfaz I2C como el que se muestra en la Figura N° 24. Este módulo permite comunicarse con la pantalla utilizando tan solo 4 pines (GND, VCC, SDA y SCL). Incorpora un potenciómetro para regular el contraste y la nitidez de los caracteres, y los pines A0, A1 y A2 que utilizados para configurar la dirección del dispositivo en el bus I2C.

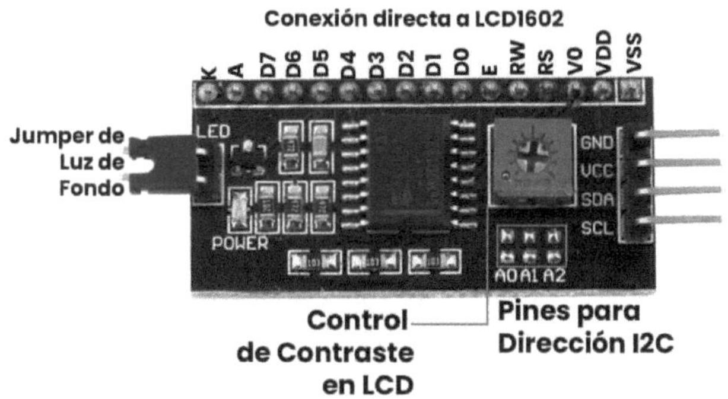

Figura N° 24: Modulo interfaz I2C

1.4.6.1.3   Regulador de voltaje LM2596

El circuito LM2596S (Figura N° 25) es un circuito integrado [16] que provee la capacidad de regular o disminuir el voltaje de entrada del circuito. El integrado maneja un rango de operación de 1.23V a 40V y el voltaje de salida es ajustable a través de un potenciómetro de precisión.

Figura N° 25: Regulador de voltaje LM2596

Tabla N° 1. Especificaciones de regulador de voltaje LM2596

Categoría	Especificación
Voltaje de operación	4.0V ~ 40V DC
Voltaje de salida	1.23V ~ 37V DC ajustable (el voltaje de entrada debe tener al menos 1.5V más que la salida)
Corriente de salida	máx. 3A, 2.5A recomendado (usar disipador para corrientes mayores a 2A)
Potencia de salida	50-70W
Eficiencia de conversión	0,92
Regulación de carga	S (I) ≤ 0.8%
Regulación de voltaje	S (u) ≤ 0.8%
Frecuencia de trabajo	150KHz
Ripple en la salida	30mV (máx.), 20M bandwidth
Temperatura de trabajo	-40°C ~ +85°C
Protección	Cortocircuito y sobretemperatura
Dimensiones	4.2cm x 2.3cm x 1.2cm
Peso	11 gramos

1.4.6.1.4   *Optoacoplador PC817*

Un optoacoplador, también llamado optoaislador o aislador acoplado ópticamente, es un dispositivo de emisión y recepción que funciona como un interruptor activado mediante la luz emitida por un diodo LED que satura un componente opto electrónico, normalmente en forma de fototransistor o fototriac. De este modo se combinan en un solo dispositivo semiconductor, un fotoemisor y un fotorreceptor cuya conexión entre ambos es óptica. Estos elementos se encuentran dentro de un encapsulado que por lo general es del tipo DIP. Se suelen utilizar para aislar eléctricamente a dispositivos muy sensibles [17].

En el caso del PC817, es un optoacoplador de uso general que se encuentra en un encapsulado DIP-4 de un canal (Figura N° 26).

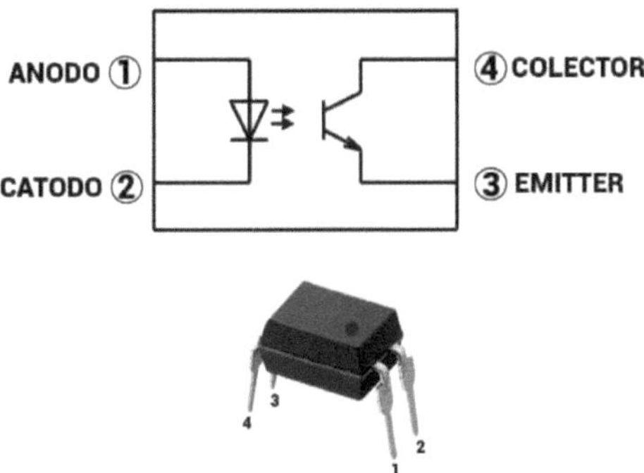

Figura N° 26: Optoacoplador PC817

Las aplicaciones más comunes para el Optoacoplador PC817 son:

- Aislamiento de E / S para MCU (unidades de microcontrolador)

- Supresión de ruido en circuitos de conmutación

- Transmisión de señales entre circuitos de diferentes potenciales e impedancias.

1.4.6.1.5 *Arreglo de transistores Darlington ULN2803*

El circuito integrado ULN2803 (Figura N° 27) es una matriz de transistores Darlington de alto voltaje y alta corriente. El dispositivo consta de ocho pares Darlington de NPN que ofrecen salidas de alto voltaje con diodos de protección de cátodo común para conmutar cargas inductivas. La corriente de colector nominal de cada par de Darlington es de 500 mA. Los pares Darlington pueden conectarse en paralelo para una mayor capacidad de corriente.

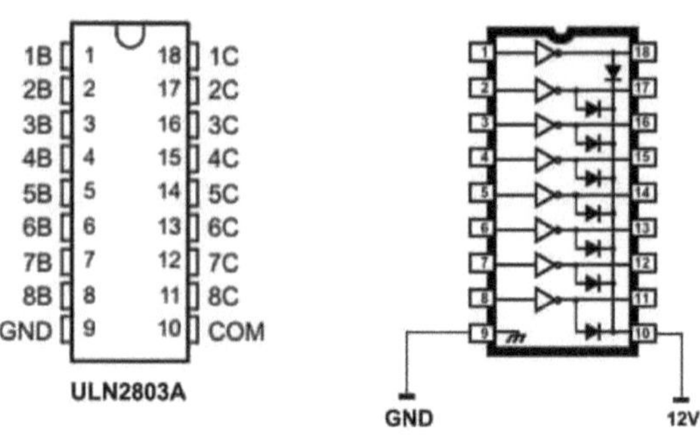

Figura N° 27: Arreglo Darlington ULN2803

Un par Darlington (Figura N° 28) es un arreglo de dos transistores bipolares que se utilizan en conjunto para proporcionar una alta ganancia de corriente. La configuración Darlington permite que un transistor controle la corriente de otro transistor, lo que resulta en una ganancia de corriente combinada mucho mayor que la de un solo transistor.

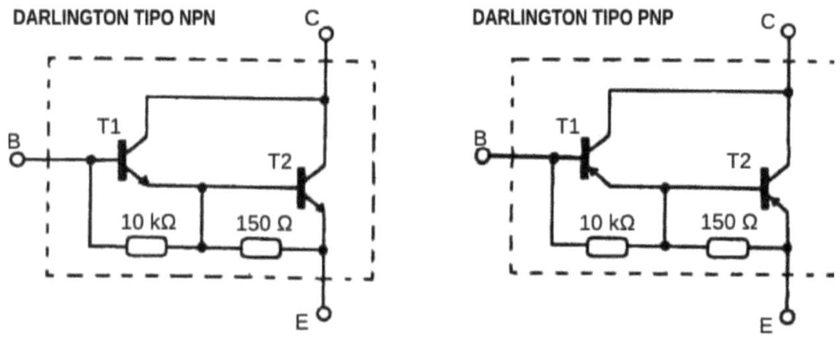

Figura N° 28: Par Darlington

Incorporar este circuito integrado al diseño del PLC aumenta significativamente la capacidad de manejar cargas por parte del microcontrolador. Mientras que una placa Arduino puede proporcionar hasta 20 mA de corriente en cada pin, la inclusión de este circuito permite una capacidad de hasta 500 mA por pin.

1.4.6.2 Sensores

Los sensores son dispositivos que transforman variables físicas del entorno en variables eléctricas que pueden ser leídas e interpretadas por un microcontrolador.

Proveen a los sistemas electrónicos de información del mundo que les rodea, lo que les permite tomar decisiones, controlar procesos o realizar acciones en respuesta a los cambios detectados.

Algunos de los sensores más comúnmente utilizados dentro del entorno de desarrollo Arduino son:

- Sensor de temperatura

- Sensor de humedad

- Sensor de proximidad

- Sensor de efecto Hall (Caudalímetro)

- Sensor de presión

- Sensor de solidos totales disueltos

- Sensor de color

- Sensor de sonido

- Sensor de movimiento lineal y angular

- Sensor de nivel

Se verá a continuación el detalle de los sensores que están involucrados en el control del equipo de tratamiento de agua.

1.4.6.2.1 *Sensor de efecto Hall - Caudalímetro*

Un caudalímetro es un sensor utilizado para medir el caudal de un fluido atravesando una tubería. Existen diferentes métodos para realizar esta medición, pero el más común y más económico disponible para el entorno Arduino es el sensor de efecto Hall. En este proyecto, se utiliza el sensor de flujo YF-B5 (Figura N° 29), el cual consiste en un tubo de bronce con una hélice en su interior y un sensor de efecto Hall por fuera. Una de las paletas de la hélice tiene adosado un pequeño imán. Cuando el fluido fluye a través del conducto y hace girar la hélice, el imán también gira, generando un campo magnético variable. A medida que la hélice gira y el imán pasa cerca del sensor, el campo magnético variable induce una tensión en el sensor de efecto Hall. Esta tensión es proporcional a la velocidad de rotación de la hélice, la cual se utiliza para calcular el caudal del fluido.

La salida del sensor es una onda cuadrada cuya frecuencia es proporcional al caudal atravesado:

$$f(Hz)=K.Q\left(\frac{l}{min}\right) \underset{\Rightarrow}{} Q\left(\frac{l}{min}\right)=\frac{f(Hz)}{K}$$

El factor K de conversión entre frecuencia (Hz) y caudal (L/min) depende de los parámetros constructivos del sensor. El fabricante proporciona un valor de referencia en sus Datasheet. No obstante, la constante K depende de cada caudalímetro. Con el valor de referencia podemos tener una precisión de +-10%. Si se quiere una precisión superior se debe realizar un ensayo para calibrar el caudalímetro.

Figura N° 29: Sensor de flujo YF-B5

1.4.6.2.2 *Sensor de solidos totales disueltos – Conductímetro*

Un medidor de TDS (sólidos totales disueltos) mide la cantidad de sólidos totales disueltos como sales, minerales y metales en el agua. A medida que aumenta la cantidad de sólidos disueltos en el agua, la conductividad del agua aumenta, lo que permite calcular los sólidos totales disueltos en ppm (mg/L).

El principio de funcionamiento de un medidor de TDS se basa en la conductividad eléctrica del agua. Cuando hay sólidos disueltos en el agua, estos iones o partículas cargadas pueden conducir la corriente eléctrica. Por lo tanto, cuanto mayor sea la concentración de sólidos disueltos en el agua, mayor será su conductividad eléctrica.

El medidor de TDS (Figura N° 30) utiliza electrodos sumergidos en el agua para medir su conductividad eléctrica. Cuando los electrodos están en contacto con el agua, se genera una pequeña corriente eléctrica entre ellos. El sensor mide esta corriente y la convierte en una lectura de TDS en ppm (partes por millón).

Figura N° 30: Sensor TDS KS0429 keyestudio V1.0

1.4.6.2.3   Interruptor de nivel por flotación

Estos interruptores consistes en una carcasa de un material con una densidad menor a la del fluido, lo que permite la flotación, y una bola (Figura N° 32) que se mueve libremente en su interior. Cuando el nivel del líquido baja, el interruptor comienza a colgar de su cable de señal y su ángulo de inclinación cambia. Este cambio de inclinación genera que la bola ruede hacia uno u otro sentido, accionando o interrumpiendo un contacto interno.

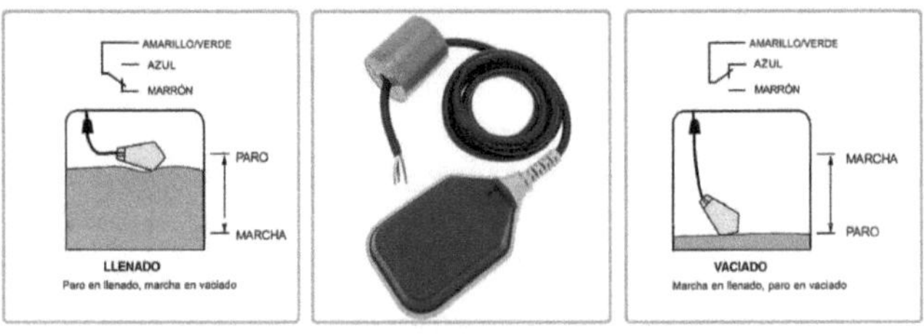

Figura N° 31: Interruptor de nivel por flotación

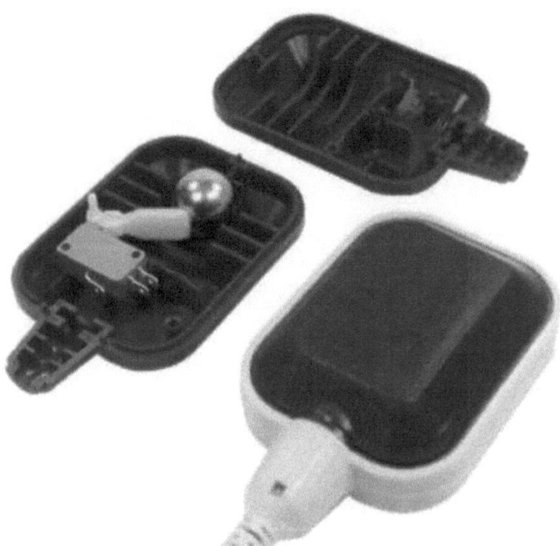

Figura N° 32: Interior del interruptor de nivel por flotación

1.4.6.2.4 Presostato

El presostato es un dispositivo encargado de monitorear la presión de un líquido o un gas en un sistema. Su función principal es detectar cuándo la presión alcanza un valor predeterminado y, en respuesta, activar o desactivar un circuito eléctrico.

Figura N° 33: Presostato

Posee en la parte inferior una conexión para vincular el presostato con el sistema a presión, y dos entradas para las conexiones eléctricas. Al retirar la tapa se observan dos fuelles presionados con tuercas, a través de las cuales se puede realizar un ajuste de las presiones de accionamiento de los contactos eléctricos.

1.4.7 Contexto de Aplicación: Planta de Tratamiento de Agua

Este proyecto ha sido concebido con el objetivo de automatizar el funcionamiento de una planta de tratamientos de agua, la cual purifica agua para obtener los parámetros adecuados para el riego de un invernadero.

1.4.7.1 Descripción de la planta de Tratamientos de Agua

En el diagrama de bloques (Figura N° 34) se muestran los diferentes elementos que forman parte del sistema de tratamientos de agua, y su relación entre sí.

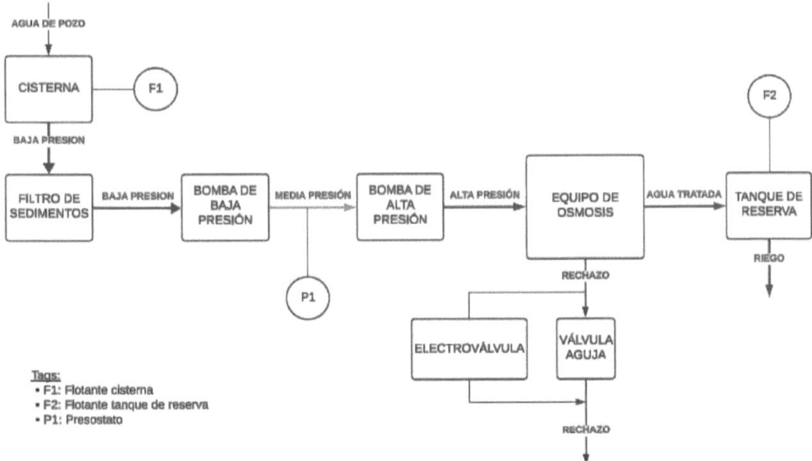

Figura N° 34: Diagrama de bloques Planta de tratamiento de agua

Cisterna: es el reservorio de agua cruda de las napas, proveniente de una perforación.

Filtro de sedimentos: Es un filtro tipo canasto, con una malla para el filtrado de solidos de granulometría grande.

Bomba de baja presión (booster): Es la bomba encargada de suministrar la presión adecuada para la bomba de alta presión, debido a que esta última tiene una presión de succión superior a la disponible por la energía potencial del tanque de cisterna en altura.

Bomba de alta presión: Es la bomba encargada de generar la presión necesaria para que se produzca el efecto de osmosis inversa, y el agua purificada pueda pasar a través de las membranas.

Equipo de osmosis: Consiste en un tubo con membranas de osmosis en su interior. Estas membranas son semipermeables, con poros microscópicos que permiten que el agua pase a través de ellos, pero bloquean el paso de contaminantes más grandes. Se requiere una elevada presión para que esta separación suceda. El agua purificada pasa por un conducto dirigiéndose hacia el tanque de reserva, y los contaminantes son separados por otro lado, a lo que se conoce como rechazo.

Válvula aguja: Esta válvula se regula manualmente para restringir el conducto de paso del rechazo, con el objetivo de aumentar la presión dentro del tubo porta membrana del equipo de osmosis.

Electroválvula: Esta válvula actuada eléctricamente permanece cerrada durante el funcionamiento normal del equipo, y se abre durante el proceso de apagado del equipo. Al abrirse completamente, permite el paso sin restricción del rechazo, lo que genera una mayor circulación de agua, arrastrando así todas las impurezas que puedan quedar depositadas sobre las caras de las membranas de osmosis.

Tanque de reserva: Es un reservorio donde se almacena el agua purificada, disponible para el riego.

1.4.7.2   Requerimientos de automatización

A continuación, se presentan los elementos involucrados en la automatización, que tienen influencia directa sobre las decisiones y acciones del PLC.

1.4.7.2.1   Entradas

- Flotante cisterna: interruptor de nivel por flotación.

- Flotante tanque: interruptor de nivel por flotación.

- Presostato: mide la presión generada por la bomba de baja presión y cierra un contacto cuando se alcanza la presión establecida.

1.4.7.2.2   Salidas

- Bomba de baja presión

- Bomba de alta presión

- Electroválvula: Es una válvula que se abre cuando se le suministra corriente a través de su solenoide. Es la encargada de abrir la cañería para realizar el retro lavado de las membranas de osmosis.

- Luz de alarma: Luz roja que va montada en el frente del tablero electro, y se activa cuando ocurre algún problema en el proceso de arranque del equipo.

1.4.7.2.3   Filosofía de control

Arranque del equipo: El equipo arranca cuando los permisivos de arranque están activados. Primero se enciende la bomba de baja presión. Luego de 20 segundos, si el presostato indica que la presión alcanzo el valor seteado, se enciende la bomba de alta presión. Este tiempo de retardo en el arranque de la bomba de alta presión tiene la finalidad de asegurar que toda la cañería se llene de agua a una presión menor, para evitar así los golpes de ariete.

Permisivos de arranque:

- Flotante de cisterna alto: indica que hay agua para la succión de las bombas.

- Flotante de tanque de reserva bajo: El tanque de reserva de agua tratada está bajo y requiere ser llenado.

Parada de equipo: Cuando alguno de los permisivos de arranque se desactiva, se inicia el proceso de parada del equipo. El mismo consiste en abrir la electroválvula, lo que hace que se produzca el lavado de las membranas de osmosis, y 60 segundos después, apagar la bomba de alta y baja presión.

Alarma – arranque fallido: Para evitar falsas lecturas en el presostato ocasionadas en el arranque de la bomba de baja presión, esta se enciende y se espera durante 4 segundos para considerar su lectura. Si pasado este tiempo la presión no alcanza el valor establecido, se apaga la bomba de baja presión y se intenta un nuevo arranque (si los permisivos de arranque lo permiten). Si luego de 3 intentos consecutivos, el arranque no se ejecuta, se apaga la bomba de baja presión y se activa una alarma indicando "Arranque fallido".

1.4.7.3   Implementación del sistema

En la Figura N° 35 se observa el equipo de osmosis real que ha sido automatizado utilizando el PLC open source desarrollado. En la Figura N° 36 se destacan cada uno de los componentes del proceso indicados en la Figura N° 34: Diagrama de bloques Planta de tratamiento de agua.

En la Figura N° 37 se muestra en mayor detalle el PLC montado en el tablero eléctrico del equipo de osmosis.

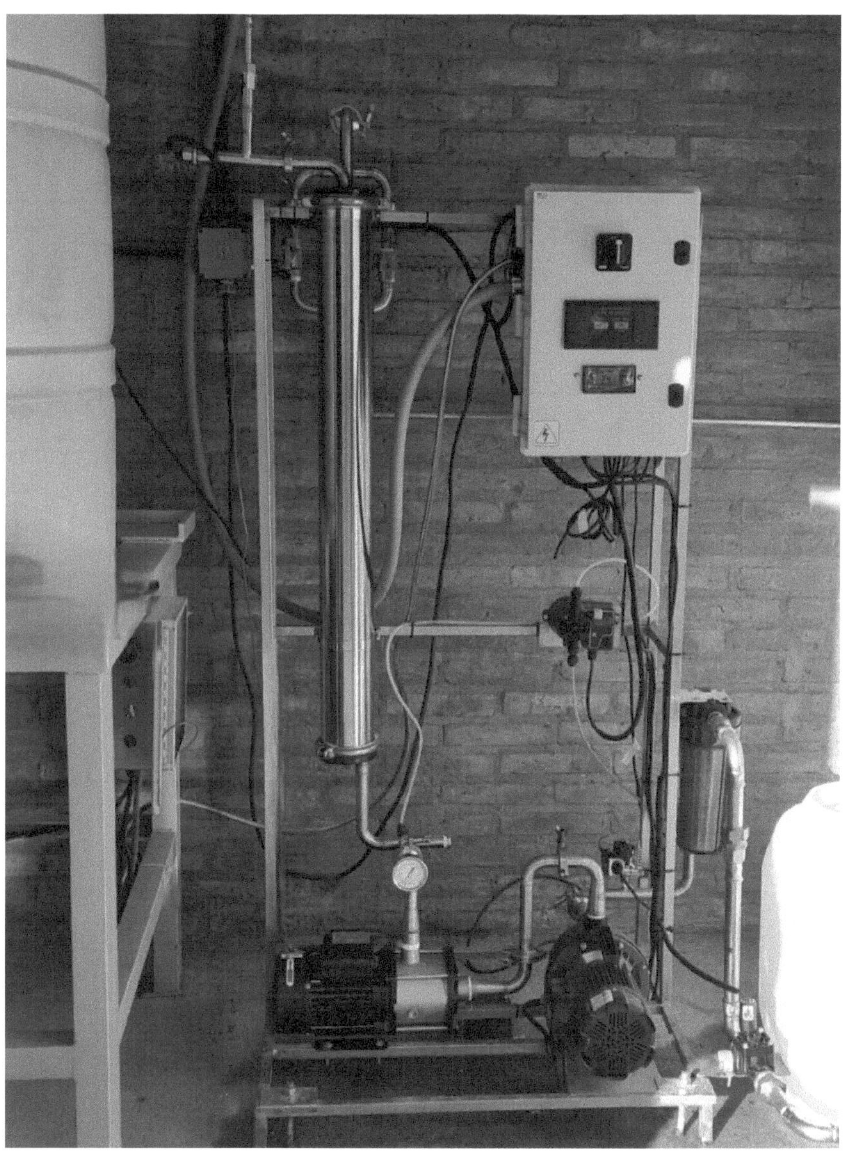

Figura N° 35: Equipo de osmosis - implementación real

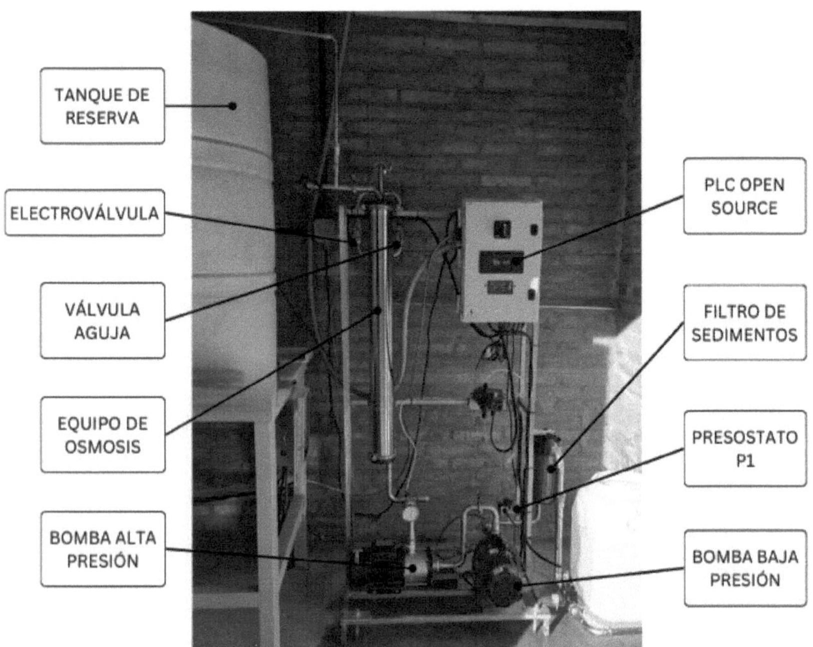

Figura N° 36: Componentes de equipo de osmosis

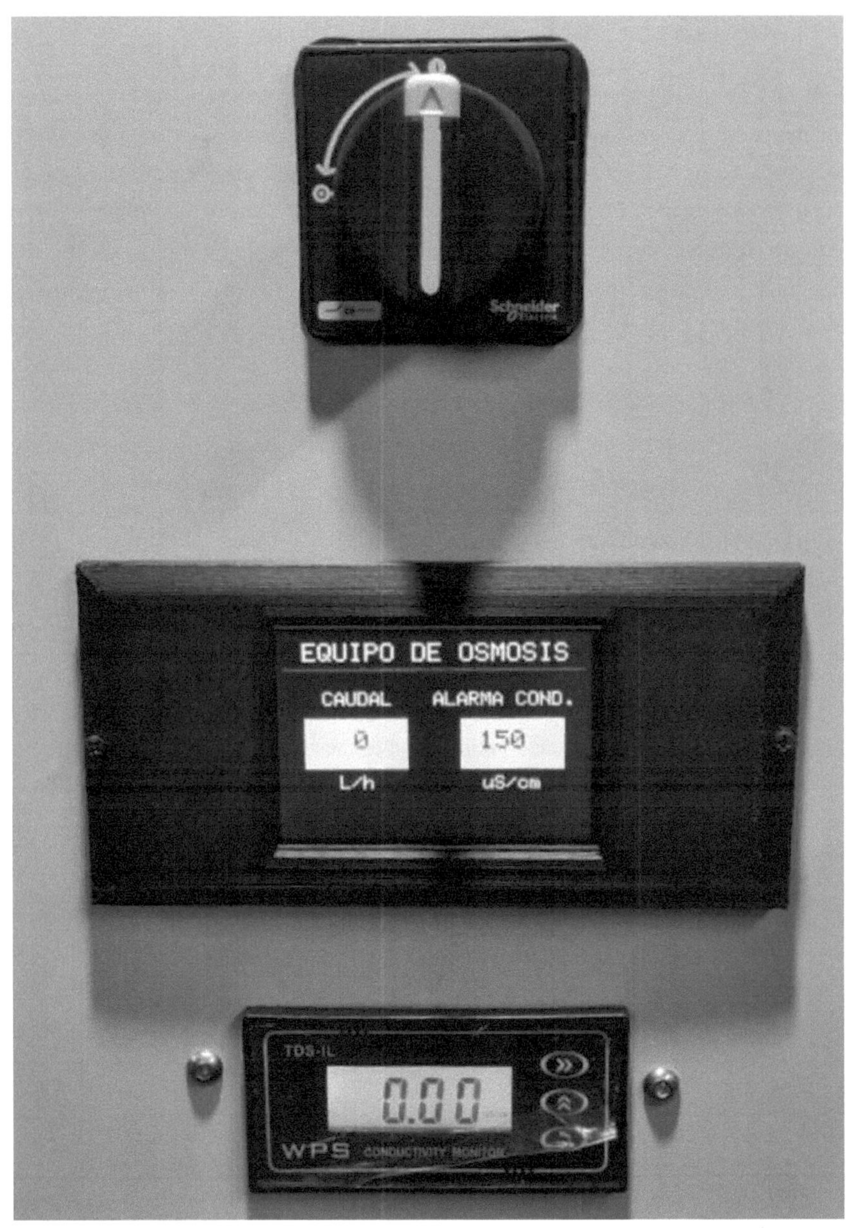

Figura N° 37: PLC open source - implementación real

1.4.8 Justificación

Al momento de llevar adelante un proyecto de automatización, podemos encontrar en el mercado local una amplia variedad de PLC industriales, que abarcan un gran espectro de funciones, pero que se consiguen a un elevado costo. Ante un bajo presupuesto, se pierde la posibilidad de automatizar, o se debe recurrir al desarrollo de soluciones mediante microcontroladores de código abierto. Esta opción posee la ventaja de ser más económica, pero representa mucho tiempo de trabajo y el resultado no siempre es el más robusto. Por tal motivo, este proyecto busca brindar a los usuarios finales una solución accesible, con funciones básicas, pero que cumpla con las prestaciones de forma fiable y satisfactoria, para que así puedan concentrar sus recursos y energía en el proyecto de automatización en sí, mejorando sus procesos de manera efectiva y sin comprometer la calidad ni la estabilidad del sistema implementado.

1.4.9 Estado del arte

1.4.9.1 PLC industriales

1.4.9.1.1 PLC Siemens S7-1200

El PLC S7-1200 es un controlador lógico programable desarrollado por la empresa alemana Siemens, diseñado para automatizaciones industriales, que se destaca por su flexibilidad, facilidad de uso y capacidad de integración con otros sistemas.

Como características principales encontramos:

- Modularidad: está diseñado como un sistema modular, por lo que se pueden añadir módulos de expansión para aumentar sus capacidades según las necesidades. Estos módulos pueden ser de entradas o salidas tanto analógicas como digitales, módulos de comunicación, módulos de tecnología (contadores rápidos, de posicionamiento, de medición de energía, etc.) y módulos de funciones.

- Capacidades de comunicación: Soporta múltiples protocolos de comunicación como PROFINET, PROFIBUS, Modbus TCP/IP, y comunicación punto a punto. Posee un puerto Ethernet integrado, lo que facilita la integración en redes industriales.

- Programación: Se programa utilizando el software TIA Portal (Totally Integrated Automation), que proporciona un entorno de desarrollo integrado y fácil de usar. Admite varios lenguajes de programación como diagrama escalera, diagrama de bloques de función, texto estructurado, etc.

- Funciones avanzadas: Integra funciones de control PID, lo que permite realizar controladores de lazo cerrado precisos y eficientes, y brinda soporte para la creación de aplicaciones web para el monitoreo y control desde navegadores web.

- Seguridad: Proporciona características de seguridad para proteger los datos y el acceso al sistema, como la autenticación de usuarios y la encriptación de datos.

Figura N° 38: PLC Siemens S7-1200

Tabla N° 2: Características modelos S7-1200 [19]

Modelo	Memoria	Entradas/ Salidas	Interfaces de Comunicación	Módulos Adicionales
S7-1211C	25 KB	6 DI / 4 DO	1 x Ethernet	Hasta 2
S7-1212C	50 KB	8 DI / 6 DO	1 x Ethernet	Hasta 3
S7-1214C	100 KB	14 DI / 10 DO	1 x Ethernet, 1 x RS-485	Hasta 8
S7-1215C	125 KB	14 DI / 10 DO	2 x Ethernet, 1 x RS-485	Hasta 8
S7-1217C	125 KB	14 DI / 10 DO	2 x Ethernet, 1 x RS-485	Hasta 8

La Tabla N° 2 muestra diferentes modelos del PLC S7-1200 con sus características principales.

1.4.9.1.2   *PLC Delta TP04P-32TP1R*

Este modelo de PLC de la marca Delta Electronics consiste en un controlador lógico programable con un panel HMI de texto de 4 líneas y un panel táctil, todo integrado en un mismo dispositivo.

Figura N° 39: PLC Delta TP04P-32TP1R [20]

Tabla N° 3: Características PLC Delta TP04P-32TP1R

Característica	Descripción
Modelo	TP04P-32TP1R
Entradas Digitales	16 DI
Salidas Digitales	16 DO (Relé)
Capacidad de Expansión	Permite conexión de módulos de expansión
Interfaces de Comunicación	RS-232/RS-485, Modbus
Fuente de Alimentación	24 VDC
Pantalla y Teclado	Pantalla LCD y teclado integrado
Programación	Software WPLSoft, admite Ladder Diagram (LD)

1.4.9.2 PLCs Industriales basados en Open Source Hardware

En la actualidad, diversas empresas están incursionando en la oferta de controladores industriales basados en Open Source Hardware, ganando terreno en el ámbito de la automatización. Esta nueva generación de controladores ofrece una alternativa innovadora y flexible para una amplia gama de aplicaciones industriales y proyectos de ingeniería, diseñados para soportar condiciones extremas de temperatura, humedad y ruido electromagnético, típicas en entornos industriales.

1.4.9.2.1 *Finder Opta – Arduino Pro*

La empresa Finder, una marca italiana presente en todo el mundo, que produce componentes electrónicos y electromecánicos para el sector civil e industrial, ha decidido asociarse con Arduino Pro [18], para lanzar una nueva gama de Relés Inteligentes Industriales o Relés Lógicos Programables (PLR). Esta nueva línea lleva el nombre de OPTA (Figura N° 40), y se puede encontrar en 3 variantes [19]:

- Opta LITE: con conectividad Ethernet o ModBus TCP/IP y puerto de programación USB (tipo C).

- Opta PLUS: con conectividad Ethernet o ModBus TCP/IP y puerto de programación USB y añade la interfaz de conectividad RS485.

- Opta ADVANCED: la opción más innovadora y completa, equipada con Wi-Fi y Bluetooth.

Las tres variantes cuentan con fuente de alimentación de 12-24 V CC, 8 entradas tanto digitales como analógicas (0-10 V), así como 4 salidas de relé de 10 A de contacto NA. Cada una de ellas puede obtenerse en la página oficial de Arduino Store [20] a un precio de U$S146.40, U$D160.80 y U$D193.20 respectivamente, en Estados Unidos o Europa.

Posee la gran ventaja de ser programable tanto con lenguajes licenciados tradicionales (Ladder, FBD y otros) como con lenguaje libre y de código abierto (IDE/ARDUINO).

Figura N° 40: PLR Finder OPTA

1.4.9.2.2   *Industrial Shields*

Un poco más potentes, podemos encontrar los controladores industriales basados en Open Source Hardware de Industrial Shields [21]. Esta empresa, ha desarrollado PLCs basados tres diferentes opciones de Open Source Hardware:

PLC Arduino:

En la Figura N° 41 se muestra uno de los modelos ofrecidos por Industrial Shields, que utiliza placas originales de Arduino como microcontrolador. Como características generales, poseen hasta 58 entradas y salidas, que pueden ser analógicas, digitales o a relé, manejan múltiples protocolos de comunicación, como estándar industrial, Ethernet, RS232, RS485, LoRa, Narrowband, WiFi, y mucho más.

Ofrecen la posibilidad de expandirse con 127 módulos mediante el sistema I2C, lo que significa que puede gobernar hasta 7100 E/S en modo maestro esclavo, además de módulos adicionales de sensores.

Figura N° 41: PLC Arduino de Industrial Shields

PLC Raspberry Pi:

Las placas de open source de Raspberry Pi son controladores que corren un sistema operativo (Linux o Raspberry Pi OS). Implementar esta tecnología en un PLC aumenta las capacidades de procesamiento del sistema, permitiendo trabajar en tiempo real y con multi procesos, entre otras.

Figura N° 42: PLC Raspberry Pi de Industrial Shields

La principal ventaja de utilizar el PLC Raspberry Pi es que es compatible con cualquier Entorno de Desarrollo Integrado (IDE) que funcione con los lenguajes de programación compatibles. Esto se puede lograr ya sea accediendo a un IDE instalado en el PLC, o utilizando un IDE instalado en una computadora, y luego transfiriendo los archivos. Aunque se puede utilizar una gran variedad de lenguajes de programación, se aconseja utilizar Python, C++ y Node-RED, ya que son sus lenguajes oficiales.

PLC ESP32:

El PLC basado en la placa ESP32, representa una versión muy similar al PLC basado en Arduino, pero con una mayor velocidad de procesamiento. Puede ser programado utilizando el IDE de Arduino, y es especialmente indicado para aplicaciones con conectividad WiFi o Bluetooth.

Figura N° 43: PLC basado en ESP32 de Industrial Shields

1.4.9.2.3   Controllino

La empresa Controllino [22] es reconocida por fabricar PLCs basados en Arduino, generando un gran impacto en el mercado de la automatización. Con más de 75 mil productos vendidos en 150 países, esta empresa se ha destacado desde su fundación en Austria en 2016.

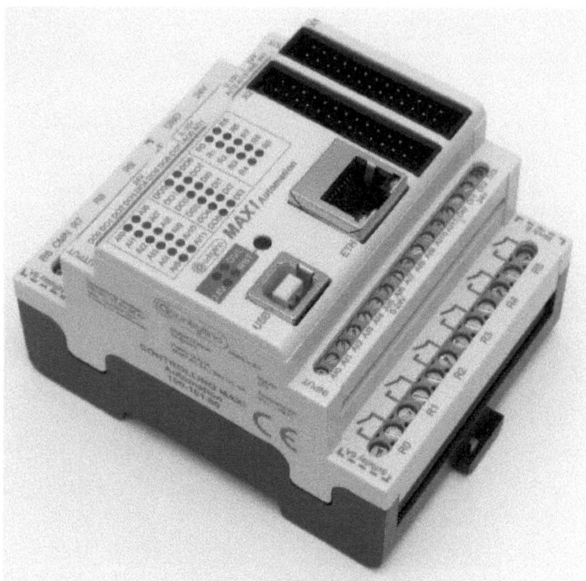

Figura N° 44: PLC Controllino

Ofrecen varios modelos, con diferentes cantidades de entradas y salidas y puertos de comunicación. Una de características importantes de los PLC de Controllino es que sus productos están adheridos a los más altos estándares de seguridad industrial y electrónica, como CE, UL y certificación IEC 61131.

1.4.9.3   Diseños independientes de PLCs open source

Gracias a la filosofía de open source, han surgido muchos proyectos independientes de diseños de PLCs a partir de plataformas como Arduino, en los que la información y los avances son compartidos entre la comunidad, generando así un momentum de innovación y crecimiento global. Algunos de los diseños observados, que han sido referencias sólidas para el proyecto en cuestión, se presentan a continuación.

1.4.9.3.1   PLC basado en Arduino de "Electroall"

Electroall [23] es un sitio web que proporciona información, proyectos y tutoriales a cerca de electrónica, electricidad y automatización industrial. Además, presenta diseños de tarjetas PCBs destinados al control industrial y la eficiencia energética.

En la Figura N° 45 se puede observar el diseño de su PLC en su última versión V3. El mismo presenta las siguientes características:

Tabla N° 4. Especificaciones de PLC "Electroall"

Especificación	Valor
Tensión de alimentación	24VDC
Corriente de alimentación	65mA
Entradas digitales	12-24VDC (8)
Entorno de programación	Arduino IDE
Condiciones ambientales mínimas	-10°C
Condiciones ambientales máximas	55°C
Salidas RLY	8
Tensión de salida AC	250V
Corriente AC	5A
Tensión de salida DC	30V
Corriente DC	5A
Dimensiones	100x100mm
Empotrable	Sí

Figura N° 45: PLC con Arduino de Electroall

En la página web se puede consultar toda la documentación requerida para su reproducción de forma libre:

- Esquemático electrónico

- Tarjeta lista para ser impresa (JLCPCB)

- Materiales y costos

- Diseño completo en Proteus 8.6

1.4.9.3.2   *PLC basado en Arduino de "El profe Zurco"*

La página web de "El profe Zurco" [24] es un blog con una gran variedad de proyectos de electrónica y automatización. Muchos de ellos, son proyectos de diseño de PLCs basados en tecnología open source. En cada uno de ellos se presenta toda la documentación necesaria para la reproducción de los mismos, junto con videos informativos y tutoriales que facilitan la comprensión, tanto para su uso como para su fabricación.

Figura N° 46: PLC de "El profe Zurco"

En la Figura N° 46 se muestra uno de sus últimos desarrollos de PLC basado en Arduino (Atmega128A).

1.4.9.4   Software Open Source

Ya se han analizado muchas de las opciones en el mercado de dispositivos open hardware. Ahora se mostrarán las diferentes opciones de software open source que se pueden encontrar para programación de PLCs y para gestión de dispositivos conectados en internet.

1.4.9.4.1   Arduino IDE

El software Arduino (IDE), desarrollado por Arduino, es un software de código abierto utilizado para programar las placas Arduino y muchas más (NodeMCU, Wemos, Adafruit, Blue Pill, etc). Comprende el entorno donde se escribe el código de computadora que luego es cargado a la placa física. Está compuesto por numerosas bibliotecas y un conjunto de ejemplos de proyectos simples. Es compatible con diferentes sistemas operativos (Windows, Linux, Mac OS X) y admite los lenguajes de programación (C/C++). Es fácil de usar tanto para principiantes como para usuarios avanzados.

Se puede descargar la aplicación de forma gratuita [25] o programar directamente en la aplicación en línea (Figura N° 47). Recientemente se ha añadido el entorno Arduino Cloud (Figura N° 48), el cual proporciona funcionalidades para realizar proyectos de IoT.

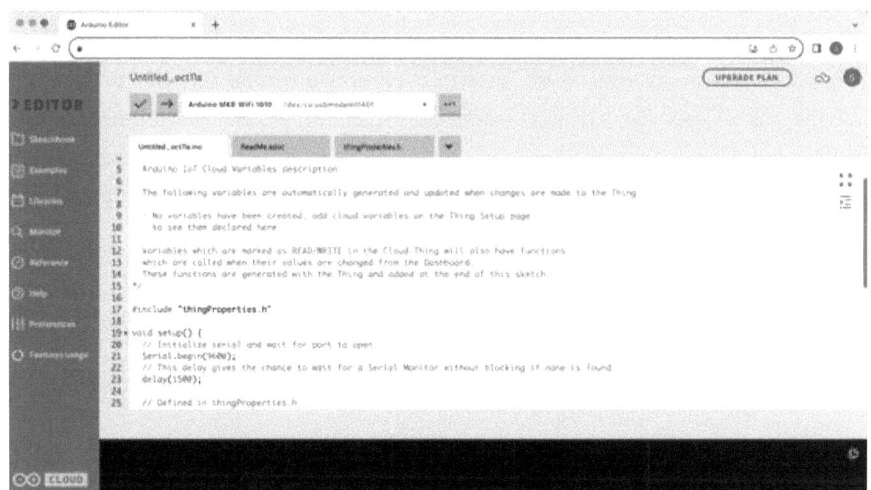

Figura N° 47: Arduino IDE Online

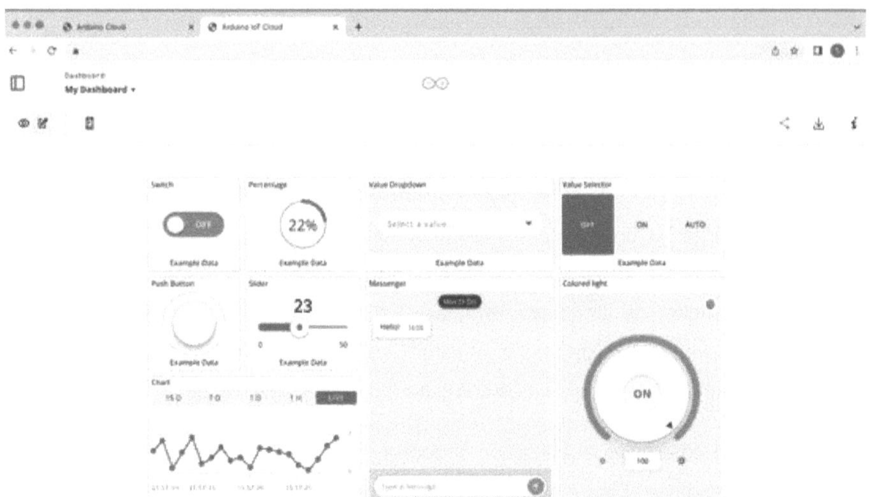

Figura N° 48: Dashboard de Arduino Cloud

1.4.9.4.2 *Codesys*

Codesys es un entorno de desarrollo para la programación de controladores conforme con el estándar industrial internacional IEC 61131-31. Una de sus mayores particularidades es que no está ligado a ningún hardware en específico, lo que posibilita que se puedan programar muchos controladores. Permite la programación en 5 lenguajes diferentes:

1. Lenguaje de diagrama de escalera (LD): Este es uno de los lenguajes de programación más comunes utilizados en la programación de PLCs. Permite representar la lógica de control utilizando una serie de contactos y bobinas, similar a los diagramas de circuitos eléctricos.

2. Lenguaje de diagrama de bloques de funciones (FBD): Este lenguaje de programación utiliza bloques de funciones para representar la lógica de control. Es especialmente útil para representar algoritmos complejos y lógica booleana de una manera visual.

3. Texto estructurado (ST): Es un lenguaje de programación basado en texto similar a otros lenguajes de programación de alto nivel como C o Pascal. Permite escribir algoritmos complejos utilizando estructuras de control como bucles, condicionales y funciones.

4. Lenguaje de lista de instrucciones (IL): Este es un lenguaje de programación de bajo nivel que utiliza una serie de instrucciones para representar la lógica de control. Es útil para programadores experimentados que necesitan un control preciso sobre el comportamiento del PLC.

5. Diagrama de flujo secuencial (SFC): Este lenguaje de programación permite representar la secuencia de estados y transiciones de un proceso de control en forma de diagrama de flujo. Es útil para modelar sistemas basados en estados.

Además, trae consigo un simulador y un HMI (Human Machine Interface) integrado, lo que facilita enormemente la tarea de programar y validar proyectos. El entorno de desarrollo es gratuito, pero los controladores o "drivers" para ciertos dispositivos de hardware no lo son [26].

1.4.9.4.3 OpenPLC

OpenPLC es un proyecto de código abierto que proporciona un entorno de programación para programar PLCs utilizando hardware de código abierto como Arduino, Raspberry Pi y otros dispositivos compatibles. El software OpenPLC puede descargarse, usarse y modificarse libremente sin costo alguno [27].

Cumple con la norma IEC 61131-3, permitiendo 5 lenguajes diferentes de programación. Esto hace que dispositivos como Arduino y Raspberry puedan ser programados de la misma manera que los PLCs convencionales.

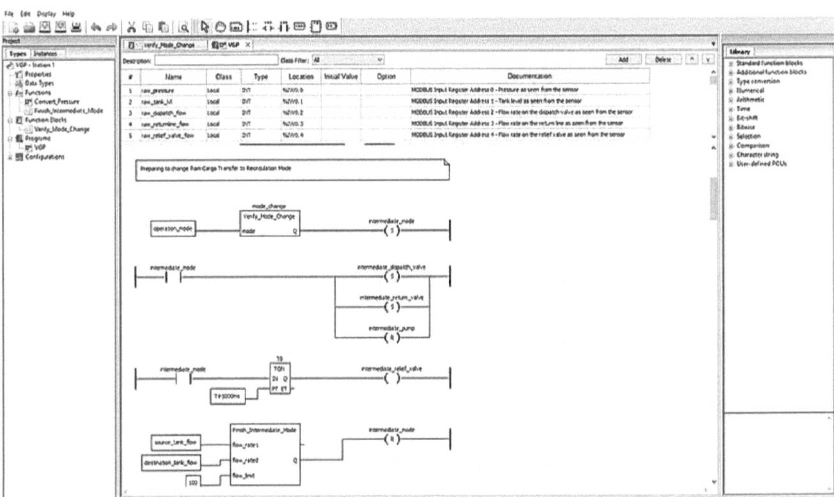

Figura N° 49: Editor OpenPLC

1.4.9.4.4   *Node-RED*

Node-RED es una herramienta de desarrollo basada en flujos diseñada para facilitar la integración y conexión de dispositivos de hardware, APIs y servicios en línea de manera sencilla. Trabaja mostrando de forma visual las relaciones y funciones, lo que hace que se pueda programar sin escribir. Es un panel de flujos al que se pueden incorporar nodos que se comuniquen entre ellos y puede instalarse en equipos como ordenadores Windows, Linux, o en servidores en la nube.

Se ha convertido en el standard open-source para procesar datos en tiempo real. Ha conseguido simplificar al máximo los procesos entre los que producen información y los que la consumen para facilitar la programación del lado del servidor, sirviéndose de la programación visual.

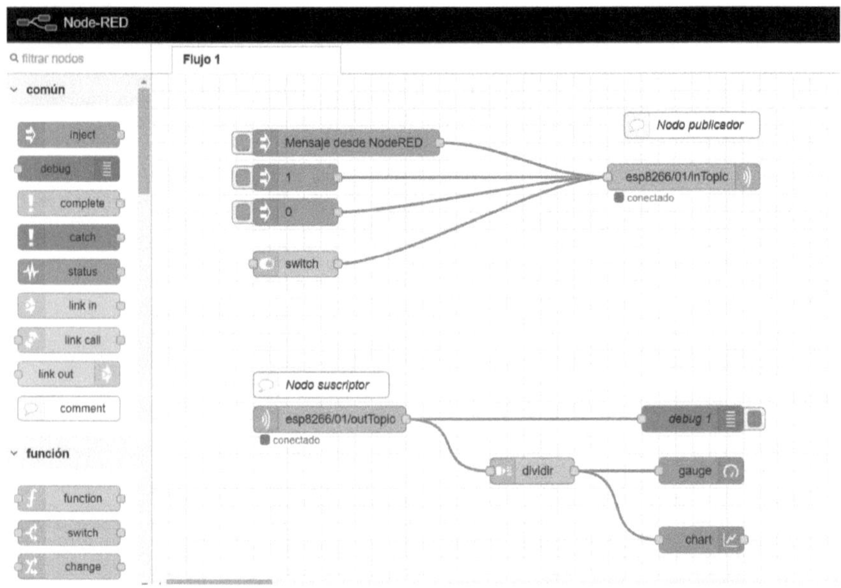

Figura N° 50: Entorno de desarrollo Node-RED

CAPITULO 2: ANÁLISIS Y DESARROLLO

El desarrollo de este proyecto llevó consigo un proceso de diseño iterativo entre las diferentes etapas que conforman al mismo, antes de llegar a un resultado final satisfactorio.

En primer lugar, se analizó el sistema de tratamientos de agua (1.4.7 Contexto de Aplicación: Planta de Tratamiento de Agua) y se definieron las necesidades de automatización.

A partir de allí, se eligieron las características y funcionalidades del PLC, tomando como referencia los productos y sistemas ya existentes en el mercado.

Una vez definida la estructura general de nuestro PLC, se continuó con el diseño de los circuitos electrónicos y la selección de los componentes requeridos.

2.1   Arquitectura del sistema

2.1.1 Definición de necesidades

Se definieron las siguientes características para el PLC, para satisfacer las necesidades de control del sistema de tratamientos de agua:

Tabla N° 5. Características del PLC

Categoría	Especificación
Alimentación	7 V a 40 V (DC)
Entradas	8 entradas digitales 12 V a 24 V (DC)
Salidas	8 salidas a relé 220V – 10 A
Comunicación	Protocolo I2C
Interacción con el usuario	Pantalla LCD para visualización de datos y alarmas
Características adicionales	Sistema de Reloj RTC14 para la gestión y control de la hora y fecha

2.1.2 Estructura general del PLC

Los diferentes elementos que forman parte del PLC, y la vinculación que existe entre si se presentan en la Figura N° 51.

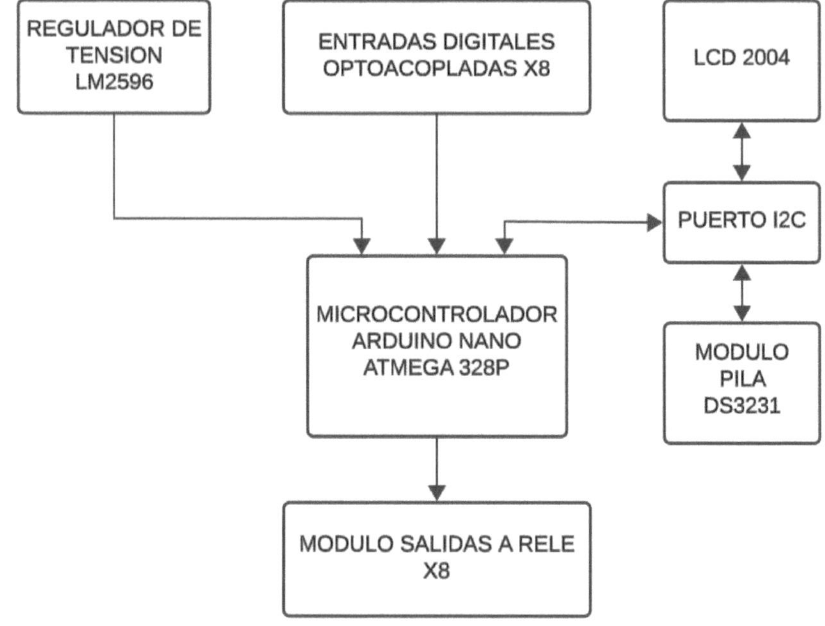

Figura N° 51: Estructura general del PLC

2.2 Selección de componentes

Para obtener las características y funcionalidades requeridas para nuestro sistema, se seleccionaron los siguientes componentes, correspondientes a cada uno de los elementos que forman parte de la arquitectura del sistema.

2.2.1 Microcontrolador

La selección más importante es la que corresponde al microcontrolador, al ser el encargado de gestionar todos los demás elementos. Sus capacidades, son las que determinan o limitan las funcionalidades de nuestro PLC.

Como responsable de esta tarea, se ha seleccionado el módulo de desarrollo Arduino Nano (Figura N° 52), ya que el mismo cuenta con un número de entradas y salidas suficiente para los requerimientos del sistema, y puede ser programado a través del software libre y gratuito de Arduino IDE (página 79).

Otro punto importante que derivó en la selección del mismo, es su bajo coste y disponibilidad en el mercado local.

Figura N° 52: Arduino Nano

Tabla N° 6: Especificaciones técnicas de Arduino Nano

Categoría	Especificación
Microcontrolador	ATmega328P
Voltaje de operación	5 V
Voltaje de entrada recomendado	7-12 V
Memoria flash	32 KB (2 KB utilizados por bootloader)
SRAM	2 KB
Velocidad del reloj	16 MHz
Pines de E/S analógicas	8
EEPROM	1 KB
Corriente DC por pin E/S	40 mA
Pines de E/S digitales	22
Salida PWM	6
Consumo de energía	19 mA
Tamaño de la placa de circuito impreso	18 x 45 mm
Peso	7 g
Puerto de comunicación	mini USB tipo B

2.2.1.1 Especificaciones técnicas de Arduino Nano

En la Figura N° 53, se muestran las conexiones que dispone Arduino Nano.

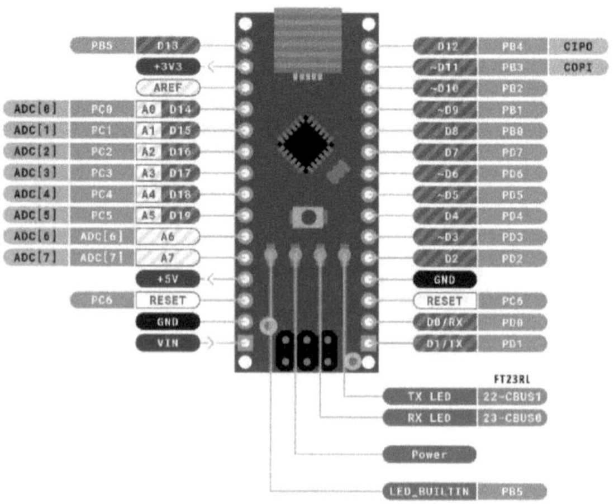

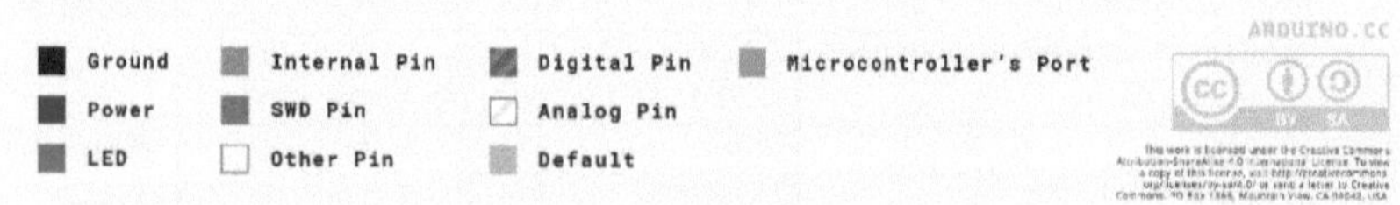

Figura N° 53: Arduino Nano Pinout

2.2.2 Regulador de tensión LM2596

El regulador de tensión presentado en la página 53, fue seleccionado debido a su precisión y su reducido costo y tamaño. Añadir este regulador al circuito del PLC permite trabajar con un rango más amplio de voltaje, para operar así con las tensiones más comúnmente presentes en controles industriales (12/24VDC).

2.2.3 Módulo de salidas a relé

Se ha seleccionado el módulo de salidas a relé (ver página 50) de 8 canales. Si bien el sistema requiere solo 4 salidas para actuadores, es una buena práctica de diseño el considerar salidas y entradas adicionales para futuras expansiones del automatismo.

2.2.3.1   Especificaciones técnicas del módulo de salidas a relé de 8 canales

Tabla N° 7. Especificaciones técnicas de modulo relé de 8 canales

Categoría	Especificación
Voltaje de Operación	5V DC
Señal de Control	TTL (3.3V o 5V)
Número de Relés (canales)	8 CH
Capacidad máxima	10A/250VAC, 10A/30VDC
Corriente máxima	10A (NO), 5A (NC)
Tiempo de acción	10 ms (encendido) / 5 ms (apagado)
Para activar salida NO	0 Voltios

2.2.4 Entradas digitales opto acopladas

Para aislar eléctricamente las entradas del resto del circuito del PLC, se implementaron los circuitos integrados PC817, presentados en la página 54.

El criterio de diseño para definir la cantidad de entradas de nuestro PLC ha sido el mismo que el considerado para las salidas a relé. Nuestro sistema requiere solo 3 entradas de sensores, pero se dejan más entradas de reserva para futuras demandas.

2.2.5 Pantalla LCD 2004

La pantalla utilizada es el modelo LCD2004 (Figura N° 54), basado en la tecnología presentada en la página 51. El mismo puede mostrar 20 caracteres en 4 filas. Es de las opciones más económicas disponibles para presentar datos en una pantalla.

Figura N° 54: Pantalla LCD2004

2.2.5.1 Especificaciones técnicas del LCD 2004

Tabla N° 8. Especificaciones técnicas de LCD 2004

Categoría	Especificación
Dimensiones del módulo	98mm x 60mm
Tamaño del carácter	5mm x 8mm
Cantidad de caracteres por línea	20 caracteres por línea
Cantidad de líneas	4 líneas
Tipo de pantalla	LCD de caracteres alfanuméricos
Voltaje de operación	5V
Interfaz de conexión	Interfaz serial I2C
Retroiluminación	LED
Contraste	Ajustable

2.2.6 Módulo de reloj DS3231

DS3231 es un reloj en tiempo real (RTC) con comunicación I2C, extremadamente preciso y de bajo costo, con un oscilador de cristal con compensación de temperatura integrado.

El dispositivo incorpora una entrada de batería, para cuando sea necesario desconectar la fuente de alimentación principal y continuar manteniendo un cronometraje preciso en el PLC. Mantiene información de segundos, minutos, horas, día, fecha, mes y año. De esta manera, el PLC está preparado para ejecutar instrucciones que dependan de una determinada fecha u horario.

El reloj funciona en la indicación de 24 horas o de banda / AM / PM del formato de 12 horas. Proporciona dos alarmas configurables y un calendario que se puede configurar en una salida de onda cuadrada. La dirección y los datos se transfieren en serie a través de un bus bidireccional I2C.

Un circuito comparador y de referencia de voltaje con compensación de temperatura de precisión monitorea el estado de VCC para detectar fallas de energía, proporcionar una salida de reinicio y, si es necesario, cambiar automáticamente a la fuente de alimentación de respaldo.

Figura N° 55: Modulo de Pila DS3231

2.2.6.1   Especificaciones técnicas del módulo DS3231

Tabla N° 9. Especificaciones técnicas del módulo DS3231

Categoría	Especificación
Voltaje de Operación	3.3V – 5V
RTC de alta precisión	DS3231 con oscilador interno
Exactitud del reloj	2ppm
Dirección I2C del DS3132	Read(11010001), Write(11010000)
Memoria EEPROM	AT24C32 (4K * 8bit = 32Kbit = 4KByte)
Comunicación	I2C
Salida de onda cuadrada	Programable

Duración de la batería	Puede mantener al RTC funcionando por 10 años
Compatibilidad en cascada	Puede ser usado en cascada con otro dispositivo I2C, la dirección del AT24C32 puede ser modificada (por defecto es 0x57)

2.3   Diseño de circuitos

Para el diseño de los circuitos electrónicos del PLC y de la disposición de los componentes en la PCB, se utilizó el software de diseño de circuitos EasyEDA [28], el cual se puede acceder de forma libre y gratuita, y utilizarse en línea sin necesidad de instalar ningún programa adicional.

Tiene la ventaja de poseer una librería muy completa con los diferentes componentes electrónicos y módulos que se pueden obtener en el mercado, lo que reduce enormemente el tiempo de diseño. Además, al ser online representa un servicio en la nube en la que los archivos están protegidos y accesibles desde cualquier dispositivo.

En la Figura N° 56 y Figura N° 57, se observan los dos entornos de desarrollo que ofrece el software. Por un lado, se dispone del entorno para diseño del circuito, en donde se puede insertar los componentes desde la librería y realizar las interconexiones.

Una vez que el circuito está definido, se puede utilizar la función de "Convertir esquemático a PCB", la cual nos lleva al entorno de desarrollo de PCB. En la misma, se hallan las huellas de los componentes electrónicos seleccionados, y líneas guía de interconexión, las cuales muestran los vínculos existentes entre componentes. A partir de allí, se realiza el diseño de ubicación y ruteo de la PCB, dando uso de las diferentes herramientas y configuraciones.

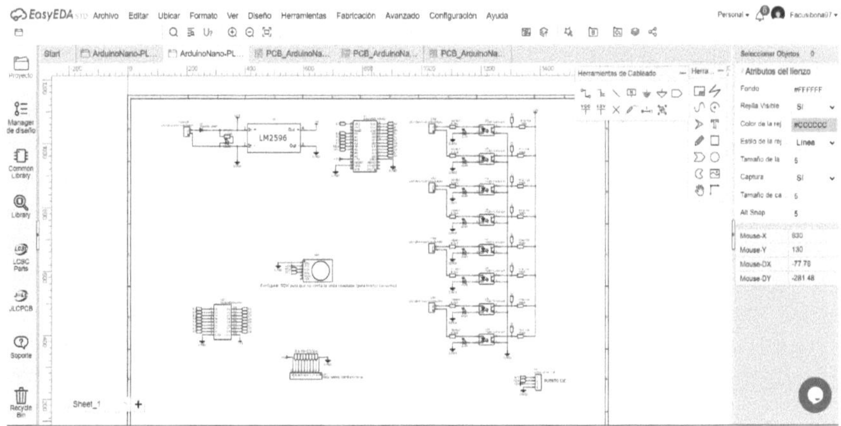

Figura N° 56: Entorno de desarrollo de circuitos EasyEDA

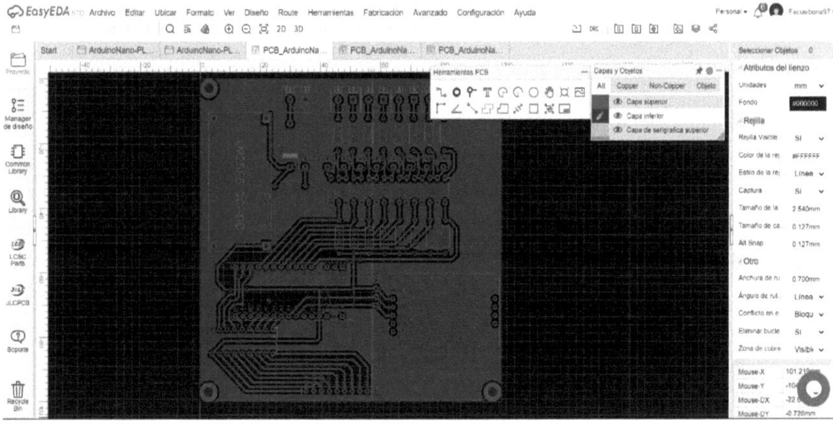

Figura N° 57: Entorno de desarrollo de PCB EasyEDA

2.3.1 Esquemático Arduino Nano

En base al diagrama pinout de Arduino nano (Figura N° 53), se identificaron los puertos a utilizarse y se realizó la conexión a través de puertos de red, que son banderas que se interconectan entre aquellas que poseen el mismo nombre. Esto facilita el diseño y la lectura del circuito electrónico.

La selección de los puertos correspondientes a cada entrada y salida, se definieron bajo un proceso de diseño iterativo, en el cual se debió cambiar las direcciones de las conexiones en varias ocasiones, en busca de un diseño más óptimo para el ruteo de las conexiones en el PCB.

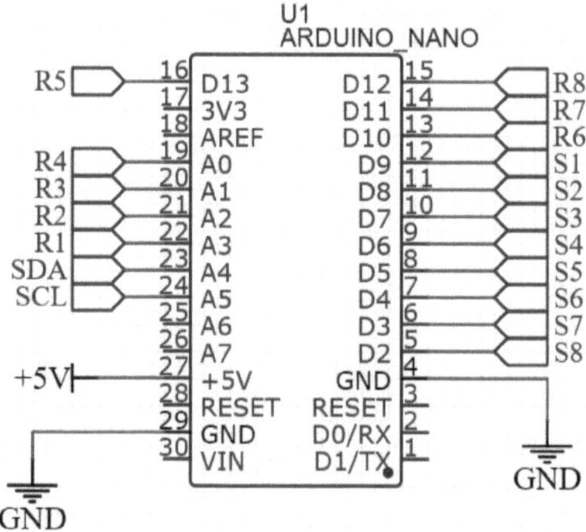

Figura N° 58: Esquemático Arduino Nano

En la Figura N° 58, podemos identificar las siguientes conexiones:

Tabla N° 10. Lista de conexiones de entrada

Pin Arduino	Puerto de red	Entrada
D9	S1	I1
D8	S2	I2
D7	S3	I3
D6	S4	I4
D5	S5	I5
D4	S6	I6
D3	S7	I7
D2	S8	I8

Tabla N° 11. Lista de conexiones de salida

Pin Arduino	Puerto de red	Salida
A3	R1	Q1
A2	R2	Q2
A1	R3	Q3
A0	R4	Q4
D13	R5	Q5
D10	R6	Q6
D11	R7	Q7
D12	R8	Q8

Todas las conexiones de pines de señal de nuestro Arduino Nano, tanto para salidas como entradas, son digitales. En la Figura N° 58, podemos ver que se utilizaron pines analógicos. Esto es posible debido a que los pines analógicos de Arduino Nano pueden configurarse para ser utilizados como pines digitales, a excepción de los pines A6 y A7, que son exclusivamente analógicos.

2.3.2 Esquemático entradas opto acopladas

El circuito de entradas optoacopladas es una etapa crucial para permitir que el PLC pueda trabajar con una variedad más amplia de tensiones de señal, desde 24V hasta 5V, siendo los 24 y 12V los más comunes en el ámbito de automatización industrial. Además, mantiene protegido al microcontrolador de cualquier sobretensión que pueda generarle en alguno de los pines de entrada.

En la Figura N° 59 se muestra el esquemático del circuito correspondiente a las entradas digitales.

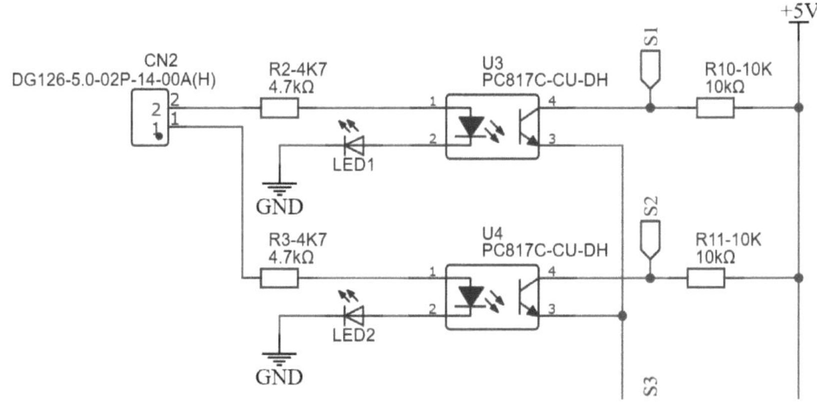

Figura N° 59: Esquemático entradas opto acopladas

En el circuito se puede identificar una resistencia de entrada de 4.7 Kohm, que regula la corriente de entrada al pin 1 del optoacoplador. A la salida del pin 2, se conecta un led que indica cuando una señal de entrada está activa. Al otro lado del optoacoplador, los pines 3 y 4, se encuentra una configuración pull up para la conmutación de la señal hacia el microcontrolador, trabajando a una tensión de 5V.

2.3.3 Esquemático módulo regulador de tensión

En la Figura N° 60 se muestra las conexiones del módulo LM2596, el cual ha sido regulado mediante su potenciómetro integrado para entregar una salida de 5V.

Se ha colocado un diodo rectificador para proteger al circuito en caso de que se conecte de manera inversa el terminal positivo y negativo. A su vez, se añadió en paralelo a la entrada, una resistencia en serie con un LED, para indicar cuando el circuito está siendo energizado correctamente.

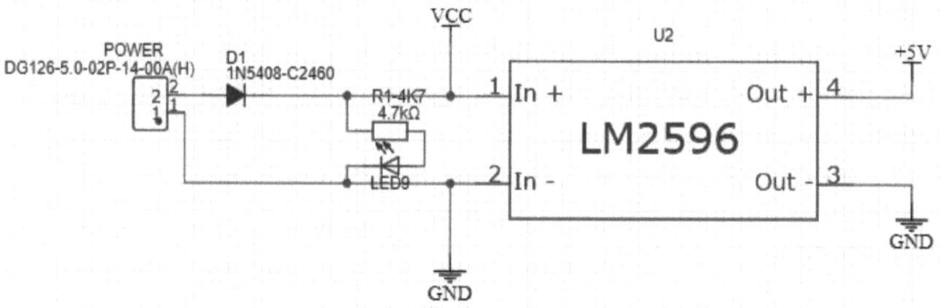

Figura N° 60: Esquemático modulo regulador de tensión

2.3.4 Esquemático salidas a relé

La Figura N° 61 muestra la conexión a los pines del módulo de salidas a relé de 8 canales. Se puede observar los pines de entrada, provenientes de Arduino Nano (R1 a R8), al integrado ULN2803, garantiza la suficiente corriente para activar todos los relés en simultaneo de ser necesario.

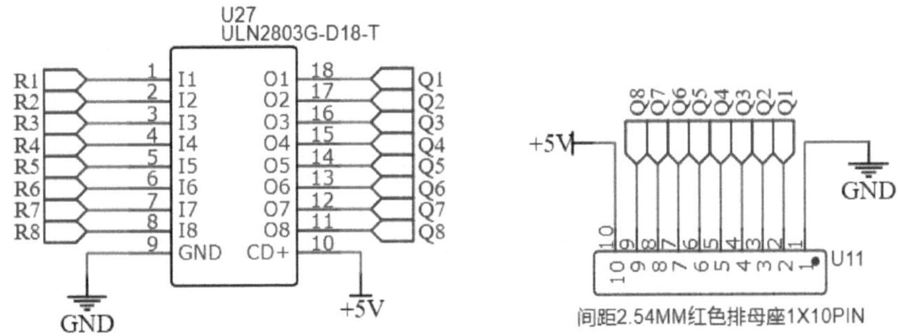

Figura N° 61: Conexión de modulo relé

2.3.5 Puerto I2C

Las conexiones necesarias para la comunicación mediante el protocolo I2C se muestran en la Figura N° 62. Se tomaron las señales de SDA (Serial Data) y SCL (Serial Clock) del Arduino nano, hasta una bornera accesible para a los dispositivos que se desee comunicar. Además, se añadieron dos bornes con 5V y GND, para que se comparta una misma tensión de referencia en la comunicación.

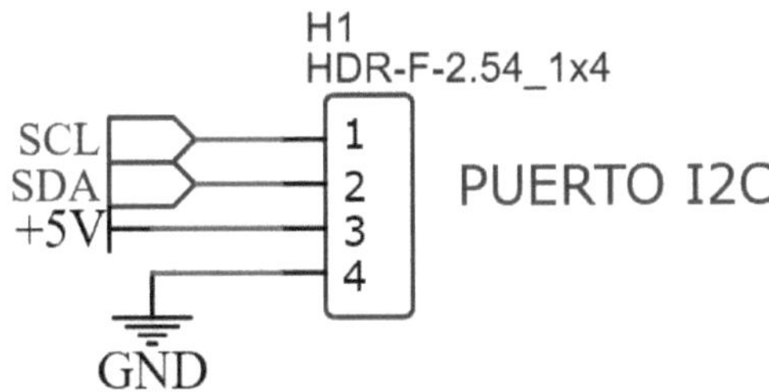

Figura N° 62: Conexiones Puerto I2C

2.3.6 Diseño de PCB

Una vez listo el esquemático del circuito, con sus ruteos y componentes electrónicos, se procede a generar el diseño de circuito impreso. Se seleccionó un tamaño de placa de 100x100mm, que se adapta bien al tamaño del circuito y se obtienen fácilmente las placas vírgenes de cobre de estas dimensiones en el mercado.

En la Figura N° 63, se observa la capa inferior en color azul, que corresponde al área de cobre, y la capa superior en amarillo, correspondiente al serigrafiado de componentes. Ha sido añadido, además, unas conexiones en color rojo, que son puentes que van colocados sobre la capa superior.

Como criterio principal de diseño, se buscó colocar las borneras de conexiones sobre el borde superior de la placa, y que el conector USB de la placa Arduino Nano se ubique sobre algún borde lateral, para poder acceder fácilmente para su programación. Luego de esto, se distribuyeron los componentes de manera que se optimizara lo mayor posible la utilización del área de la placa.

Se ha añadido sobre la placa, un área de cobre que recubre todos los espacios vacíos, y que está asociada a la red GND. Esto es útil para captar ruido electromagnético, que puede causar falsas señales en nuestro circuito.

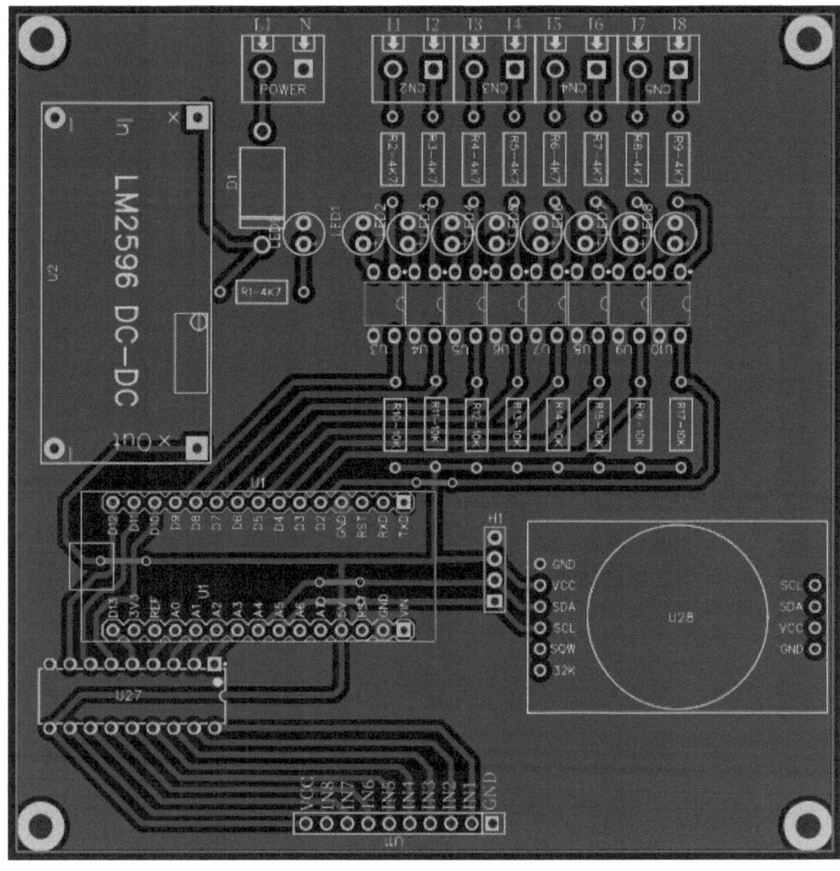

Figura N° 63: Diseño de PCB

El software en línea EasyEDA ofrece un entorno en 3D donde se genera de forma automática un modelo en 3 dimensiones del PCB que se está diseñando (Figura N° 64 y Figura N° 65). Esta funcionalidad es de gran utilidad para analizar las posiciones de los componentes electrónicos e identificar alguna posible interferencia o error de diseño.

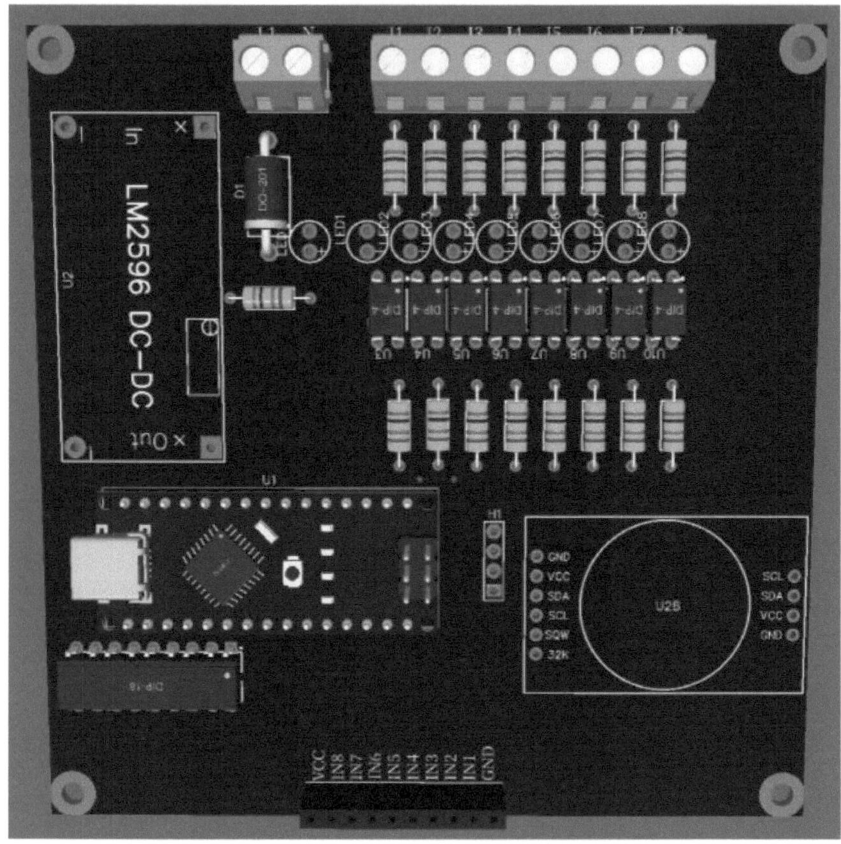

Figura N° 64: Vista superior en 3D de PCB

Figura N° 65: Vista inferior en 3D de PCB

2.3.6.1   Parámetros de ruteo

Se seleccionaron las reglas de ruteo un poco más grandes que lo que se encuentra normalmente en circuitos de estas potencias, para garantizar un buen resultado durante el proceso de fabricación de la placa mediante el grabado químico.

A continuación, se detallan las reglas utilizadas:

- Ancho de ruteo: 0.7 mm
- Distancia de separación: 0.3 mm
- Diámetro de vía: 1.2 mm
- Diámetro de agujero: 0.8 mm

2.4 Fabricación de plaqueta electrónica

2.4.1 Fabricación de PCB

Una vez definido el diseño del circuito PCB, se procedió a la fabricación del mismo mediante el método de grabado químico. En la siguiente sección se describirán los pasos realizados y los resultados obtenidos a lo largo del proceso.

2.4.1.1 Materiales

- Placa PCB virgen 100x100mm simple faz Fenólico Pertinax
- Acido percloruro férrico
- Papel fotográfico
- Marcador de tinta indeleble
- Alcohol
- Virulana fina

2.4.1.2 Primer paso: Grabado por termotransferencia

La clave principal para un buen resultado en la fabricación del PCB es garantizar una correcta termotransferencia. En este paso, se imprime sobre una hoja la capa inferior y superior con una impresora láser, ya que la tinta en esta impresión se adhiere a la hoja por transferencia térmica, del calor producido por el láser. Es importante que la hoja utilizada sea lo más lisa posible, ya que las hojas demasiado rugosas retienen mucho más la tinta una vez que son impresas. Lo ideal es utilizar papel termotransfer, que está diseñado para estos trabajos, pero al no conseguirse localmente se empleó el papel fotográfico, con el que se obtuvo un buen resultado.

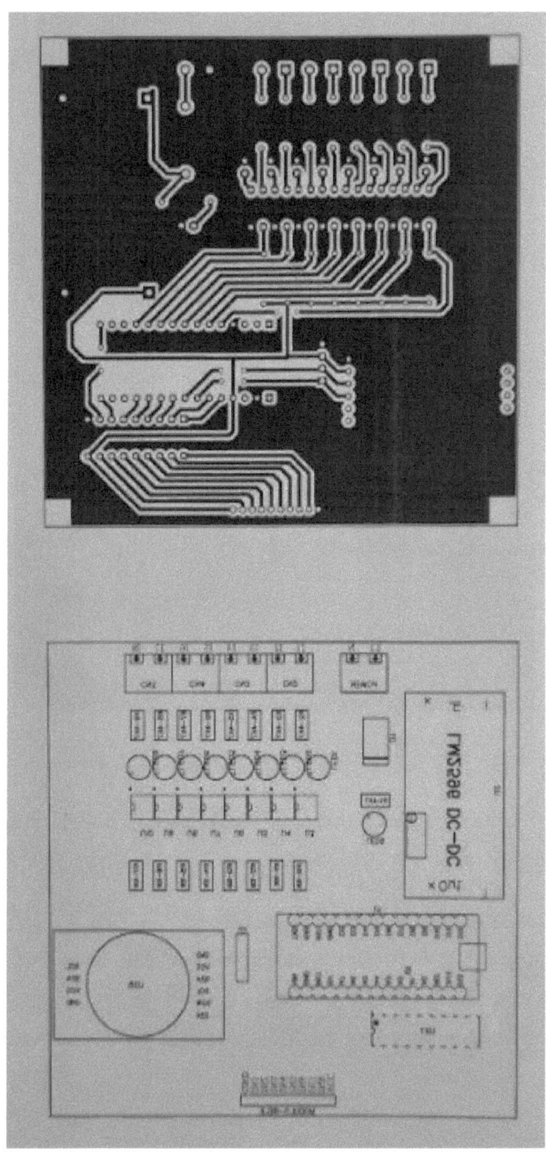

Figura N° 66: Impresión de PCB sobre papel fotográfico

Con la impresión de la capa inferior, colocando el lado de la tinta sobre la cara de cobre de la placa virgen, se procedió a generar la termotransferencia. El aporte de calor fue suministrado mediante una presión constante con una plancha, durante 10 minutos.

Luego de esto, con la tinta ya transferida desde el papel hacia la cara de cobre, se sumerge a la placa en agua para deshacer el papel y retirar todos sus restos. El resultado se muestra en la Figura N° 67.

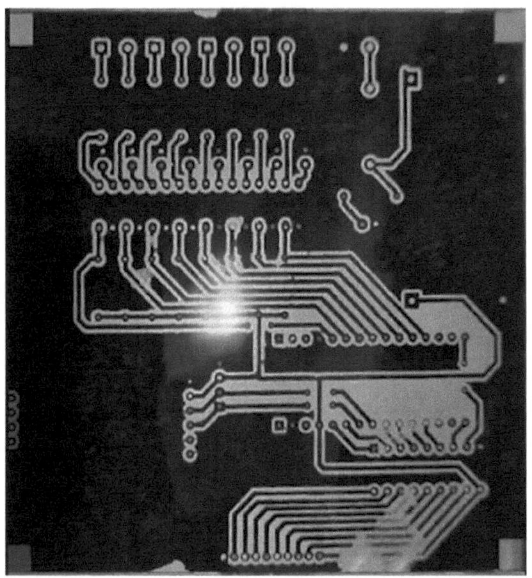

Figura N° 67: Transferencia de tinta a placa virgen

Se pueden observar ciertos sectores en los que la transferencia de tinta no fue completa. Para corregir estos detalles, se utilizó un marcador negro indeleble.

2.4.1.3   Segundo paso: Inmersión en acido

Con el diseño del PCB ya transferido, se sumerge la placa de cobre en percloruro férrico. Este acido ataca al cobre que entra en contacto con el mismo, disolviéndolo. Así, toda el área que no está pintada será barrida, quedando solo el cobre que está protegido por la tinta.

Este proceso requiere unos 10 minutos de exposición al ácido. Mover la placa continuamente acelera el proceso, y precalentar el ácido a unos 45 grados permite que sea más reactivo.

Una vez que el ácido actuó, la placa es retirada y enjuagada con agua. Para quitar los restos de tinta, se utiliza una virulana fina y un paño con alcohol. El resultado final se muestra en la Figura N° 68.

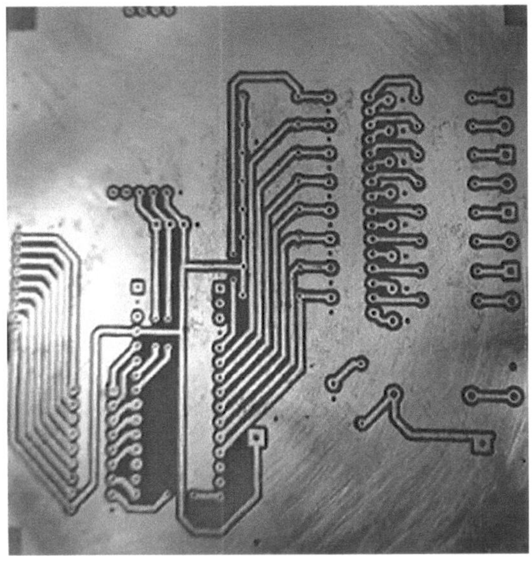

Figura N° 68: Placa PCB terminada

2.4.1.4   Tercer paso: Serigrafiado

Con el mismo método de termotransferencia utilizado para la cara inferior, se trasfiere la serigrafia en la cara superior de la placa, que es la que no posee cobre.

La serigrafia es de gran importancia para conocer la ubicación de los componentes electrónicos durante el proceso de soldadura, y para proporcionar información importante del circuito.

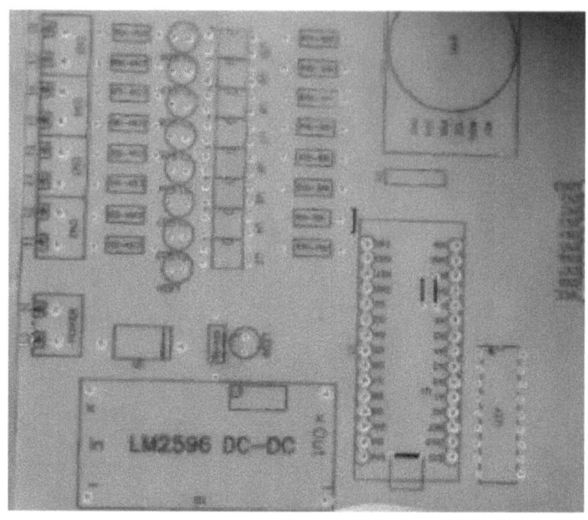

Figura N° 69: Serigrafiado de PCB

2.4.2 Montaje de componentes electrónicos

Una vez lista la placa PCB, se realizó el agujereado de la misma, con una mecha de 0.3 mm. Todos los componentes electrónicos, que son THT (Through-Hole Technology), fueron montados sobre la capa superior, utilizando el serigrafiado como guía, y se soldaron del lado de cobre, en la capa inferior.

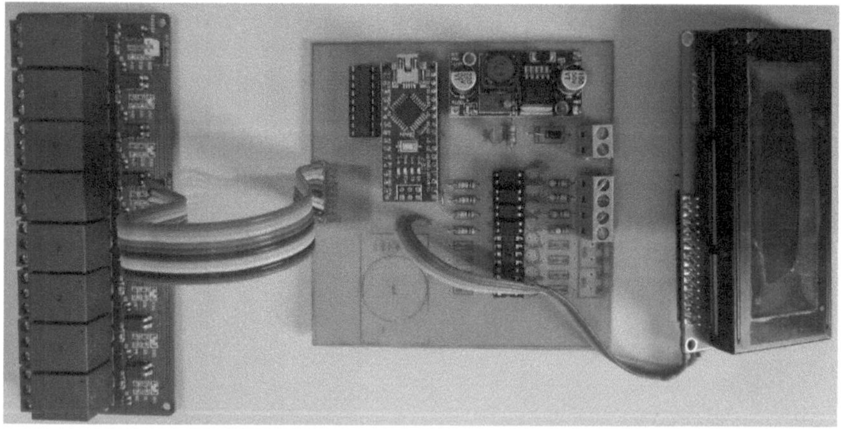

Figura N° 70: Placa electrónica final

2.5 Modelado 3D de carcasa

Para el diseño de la carcasa se utilizó el software de modelado paramétrico en 3D "Inventor", de la compañía Autodesk.

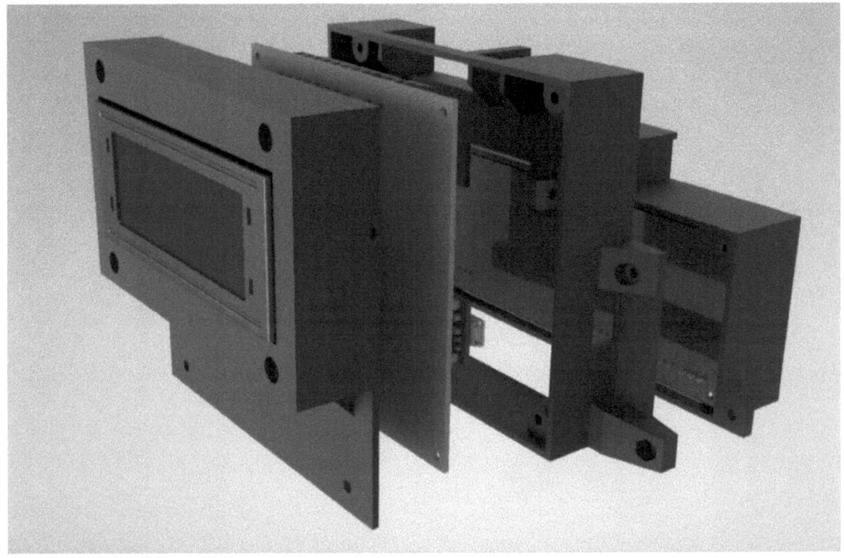

Figura N° 71: Modelo 3D de carcasa

El diseño de la carcasa está compuesto por 3 partes, una de las cuales aloja al módulo relé, otra central donde se ubica la plaqueta electrónica, y una frontal que es donde va montada la pantalla LCD.

Cada una de ellas se unen entre si mediante tornillos M3 y tuerca (Figura N° 72).

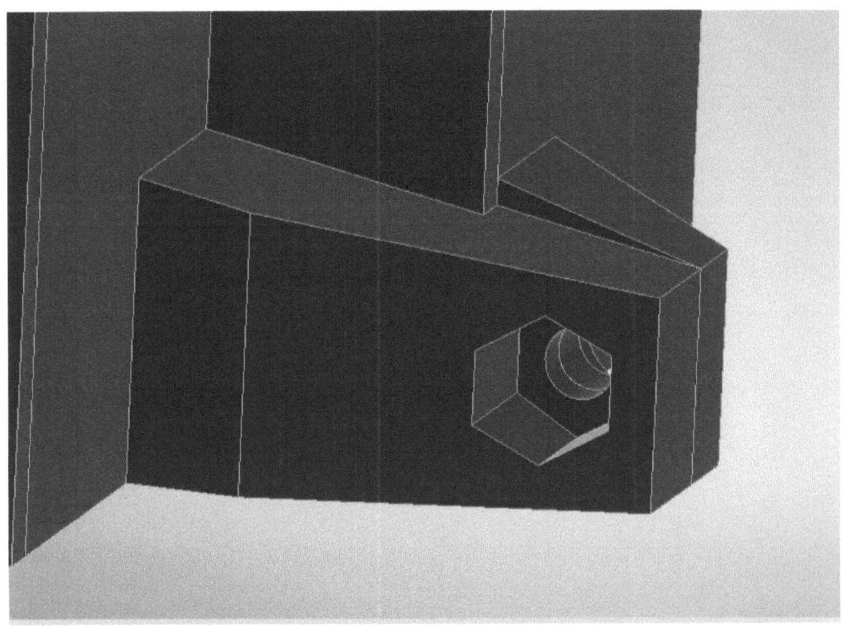

Figura N° 72: Alojamiento para tuerca M3

Mediante impresión 3D, se logró materializar las piezas con un acabado aceptable. Este método de fabricación brinda flexibilidad a la hora de diseñar, siempre y cuando se tengan en cuenta las dificultades o limitaciones involucradas.

Se utilizó como material un filamento de PLA, el cual presenta un buen equilibrio entre dureza y flexibilidad, y no muestra grandes dificultades durante el proceso de impresión. El espesor de las paredes es de 2mm y el patrón de relleno es de panal de abeja (honeycomb).

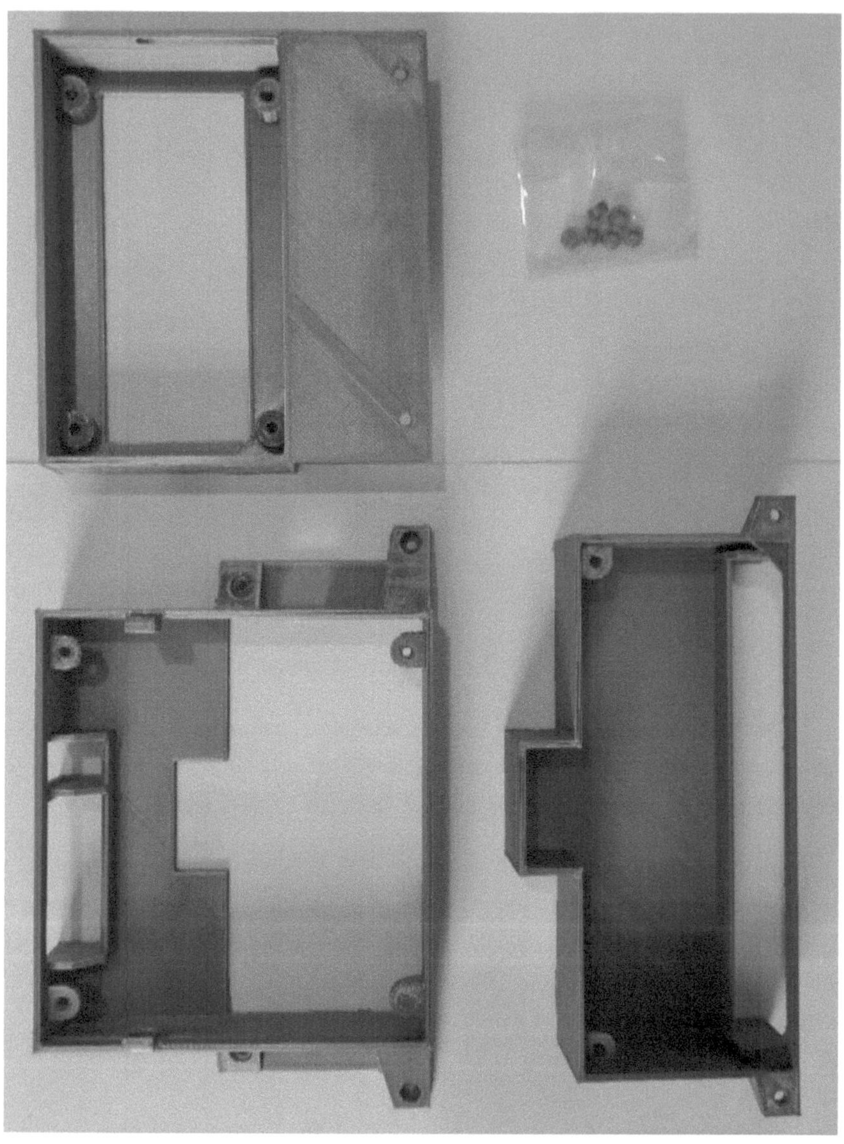

Figura N° 73: Piezas carcasa PLC

Figura N° 74: Ensamblaje PLC - Vista Frontal

Figura N° 75: Ensamblaje PLC - Vista superior

Figura N° 76: Ensamblaje PLC - Vista trasera

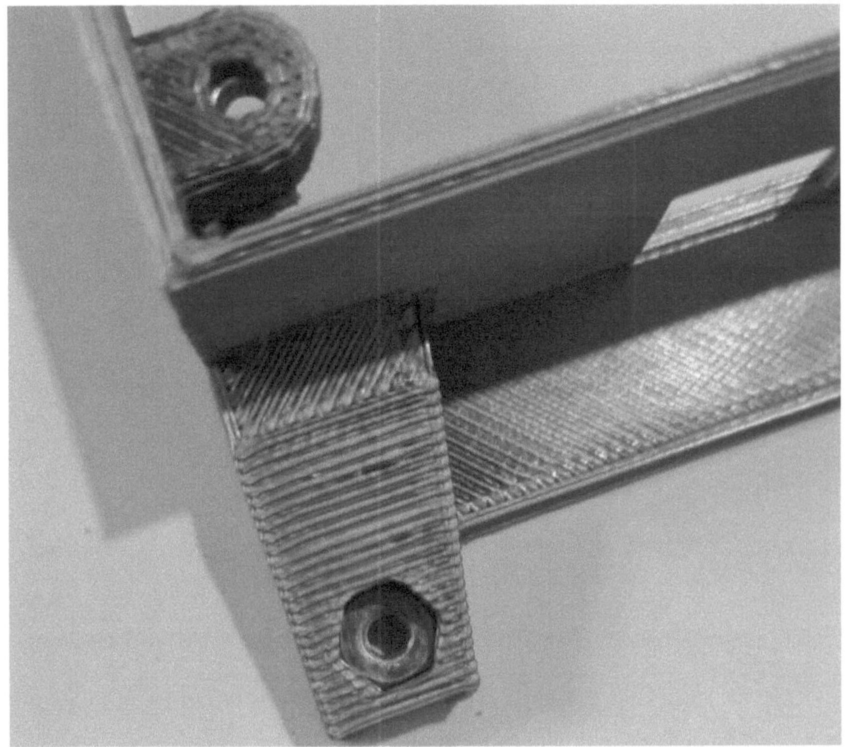

Figura N° 77: Detalle de inserto de tuercas

2.5.1 Lógica de programación

En esta sección, se describirán todos los aspectos relacionados con la programación involucrada en el proyecto.

Antes de pasar a las líneas de código, se debió confeccionar una máquina de estados para definir de forma precisa la lógica y el funcionamiento de nuestro sistema de automatización.

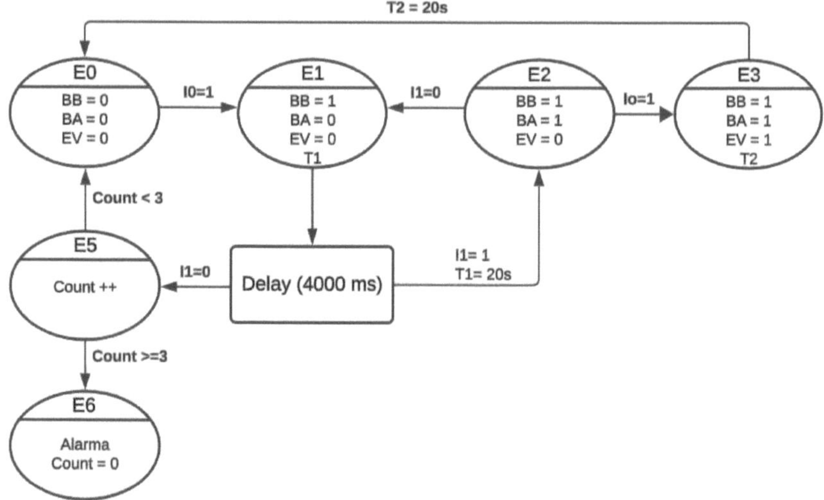

Figura N° 78: Maquina de estados del sistema de automatización

A partir de este diagrama (Figura N° 78) se avanzó sobre la codificación en lenguaje C++.

2.5.1.1 Análisis de máquina de estados

E0:

- Descripción: Es el estado inicial o estado de reposo, en el que todas las salidas están desactivadas.

- Transiciones: Cuando el flotante (I0) indica bajo nivel en el tanque de reserva, se pasa al estado E1 para iniciar el proceso.

E1:

- Descripción: Se enciende la bomba de baja presión (BB), para alcanzar la presión de succión de la bomba de alta presión (BA). Se inicia el temporizador T1.

- Transiciones: Luego de 4 segundos de espera, se evalúa si el presostato (I1) alcanzó la presión adecuada. Este retardo es necesario para evitar falsas lecturas producidas por turbulencias en el arranque. Si la presión es correcta (I1=1), y se alcanzó el tiempo T1 = 20 s, se pasa al estado E3. Si la presión es incorrecta (I1=0), se dirige al estado E5 para intentar un nuevo arranque.

E2:

- Descripción: Este es el estado de "Equipo funcionando", en el que se enciende la bomba de alta presión en conjunto con la de baja presión.

- Transiciones: Si la presión baja (I1=0), se devuelve al estado E1. Si el flotante indica que el nivel de tanque es alto (I0=0), se va al estado E3.

E3:

- Descripción: Este es el estado de "Retrolavado", en el que se abre la electroválvula y se mantiene encendida la bomba de alta y baja presión. Se inicia el temporizador T2.

- Transiciones: Cuando se cumple T2= 20 s, se dirige al estado E0 para apagar todas las salidas.

E5:

- Descripción: Este estado lleva la cuenta de los intentos de arranque fallidos (Count).

- Transiciones: Si Count < 3, se dirige al estado inicial E0. Si Count >=3, se dirige al estado E6.

E6:

- Descripción: Este es el estado de alarma. Indica que hay un problema en el sistema y el equipo no ha podido arrancar luego de 3 intentos.

- Transiciones: No posee ninguna transición. Este estado requiere la intervención y revisión del sistema. Debe reiniciarse el equipo para salir del estado de alarma.

2.5.2 Código de programación

A continuación, se presenta el código de programación redactado en Arduino IDE, que ha sido cargado en el microcontrolador Arduino Nano para ejecutar el control del equipo de tratamientos de agua.

```cpp
#include <Arduino.h>
#include <Wire.h>
#include <LiquidCrystal_I2C.h>

LiquidCrystal_I2C lcd(0x27, 20, 4); // I2C address 0x27, 20 column
and 4 rows

// Pines PLC Arduino NANO
// ENTRADAS(Pull up):
#define I0 9
#define I1 8
#define I2 7
#define I3 6
#define I4 5
#define I5 4
#define I6 3
#define I7 2

// Salidas
#define Q0 A7
#define Q1 A6
#define Q2 A3
#define Q3 A2
#define Q4 A1
#define Q5 A0
#define Q6 13
#define Q7 12

const int flotante = I0;   // Flotante de baja de tanque de agua
tratada -- 0v: tanque lleno. 24v: pide agua
const int presostato = I1;
const int rele1 = Q7;                 // Bomba Baja
const int rele2 = Q6;                 // Bomba Alta
const int rele3 = Q5;                 // Electrovalvula
const int rele4 = Q4;                 // Alarma1

unsigned long T1 = 0;
unsigned long T2 = 0;
unsigned long T3 = 0;
unsigned long periodo2 = 20000;  //Periodo de retrolavado
int count = 0;                        //Contador de intentos de
arranque fallidos
int Estado = 0;
```

```cpp
int Sig_Estado = 0;
int screen = 0;                         //Variable que maneja las
diferentes pantallas(textos) a mostrar

void setup() {
  lcd.init(); // initialize the lcd
  lcd.backlight();
  pinMode(flotante, INPUT);
  pinMode(presostato, INPUT);

  //Inicio el programa con todo apagado
  digitalWrite(rele1, LOW);   // Apaga Bomba Baja
  digitalWrite(rele2, LOW);   // Apaga Bomba Alta
  digitalWrite(rele3, LOW);   // Cierra Electrovalvula
  digitalWrite(rele4, LOW);   // Apaga Alarma1: Intento fallido de
arranque

  pinMode(rele1, OUTPUT);
  pinMode(rele2, OUTPUT);
  pinMode(rele3, OUTPUT);
  pinMode(rele4, OUTPUT);

}

void loop() {



  switch (Estado) {
    case 0: // Estado inicial
      digitalWrite(rele1, LOW);   // Apaga BB
      digitalWrite(rele2, LOW);   // Apaga BA
      digitalWrite(rele3, LOW);   // Cierra Electrovalvula
      digitalWrite(rele4, LOW);   // Apaga Alarma1: Intento fallido
de arranque
      if (digitalRead(flotante) == HIGH){
      lcd.setCursor(0, 0);
      lcd.print("EQUIPO APAGADO");
      lcd.setCursor(0, 2);
      lcd.print("->Tanque lleno");
      delay(3000);
      }

      if (digitalRead(flotante) == LOW) {
        Sig_Estado = 1;
        T1 = millis(); //Se inicia el temporizador 1
        delay(3000);
        lcd.clear();
      }
      break;
```

```cpp
    case 1: // Estado de encendido de la bomba baja
      digitalWrite(rele1, HIGH);
      digitalWrite(rele2, LOW); //Bomba de alta apagada
      lcd.setCursor(0,0);
      lcd.print("ARRANCANDO EQUIPO..");
      delay(4000);   //Delay para evitar falsas lecturas del
presostato
      if (digitalRead(presostato) == LOW) {  //Si la presion subio
luego del delay, se continua con el proceso de encendido
        if (millis() > T1 + periodo) {  // ¿por que hay que
esperar tanto tiempo para que la BA arranque?
          Sig_Estado = 2;
          count = 0;
          lcd.clear();
        }
      } else if (digitalRead(presostato) == HIGH) {  //Si el
presostato indica baja presion luego de haber encendido la BB, se
apaga BB, se incrementa el contador y se vuelve al estado 0
        digitalWrite(rele1, LOW);   //Se apaga BB
        count++;
        if (count >= 3) { //Se superaron los 3 intentos fallidos
de arranque
          Sig_Estado = 6; // Estado de alarma
          lcd.clear();
        } else if (count < 3) {
          Sig_Estado = 0; // Volver al estado inicial para un
nuevo intento
          lcd.clear();
        }
      }
      break;

    case 2: // Estado de encendido de la bomba alta
      digitalWrite(rele2, HIGH);
      lcd.setCursor(0, 0);
      lcd.print("EQUIPO FUNCIONANDO");
      lcd.setCursor(0, 2);
      lcd.print("->Llenando tanque");
      if (digitalRead(presostato) == HIGH) { //Si hay algun
problema con la presion, se regresa al estado 1 para volver a
intentar el arranque
        Sig_Estado = 1;
        T1 = millis(); //Se inicia el temporizador 1
        lcd.clear();
      }
      if (digitalRead(flotante) == HIGH) { //El flotante me indica
detener el bombeo
        Sig_Estado = 3; // Estado de apagado
        T2 = millis();   //Inicio contador T2
```

```cpp
      lcd.clear();
    }
    break;

  case 3: // Estado de apertura de electrovalvula
    digitalWrite(rele3, HIGH); //Abre Electrovalvula
    digitalWrite(rele2, LOW); //Apaga BA
    lcd.setCursor(0, 0);
    lcd.print("AUTOLIMPIANDO..");
    if (millis() > T2 + periodo2) {
      Sig_Estado = 0;
      T3 = millis();
      lcd.clear();
    }
    break;

  case 6: // Estado de alarma
    digitalWrite(rele4, HIGH);
    lcd.setCursor(0, 0);
    lcd.print("ALARMA!");
    lcd.setCursor(0, 2);
    lcd.print("->Arranque fallido");
    // Este estado se mantiene hasta que se reinicie el Arduino
    break;
  }

  Estado = Sig_Estado;
}
```

Se utilizó el protocolo I2C para conectar el PLC con la pantalla LCD, la cual posee una librería propia que facilita su programación y configuración:

```cpp
#include <LiquidCrystal_I2C.h>

LiquidCrystal_I2C lcd(0x27, 20, 4); // I2C address 0x27, 20 column and 4 rows
```

Se configuró la pantalla en base al tamaño (20 columnas por 4 filas) y se le asigno la dirección 0x27, la cual está en formato hexadecimal y corresponde a la dirección de la pantalla, provista por el fabricante.

Se definieron los pines correspondientes a las entradas y las salidas, en base a la configuración de hardware elegida en el diseño del PCB:

```
// Pines PLC Arduino NANO
// ENTRADAS(Pull up):
#define I0 9
#define I1 8
#define I2 7
#define I3 6
#define I4 5
#define I5 4
#define I6 3
#define I7 2

// Salidas
#define Q0 A7
#define Q1 A6
#define Q2 A3
#define Q3 A2
#define Q4 A1
#define Q5 A0
#define Q6 13
#define Q7 12
```

2.6   Desarrollo de módulo de comunicación industrial

Parte crucial en el desarrollo de esta solución de automatización, es la capacidad de manejo de datos de proceso. Para ello, se desarrolló un módulo de comunicación industrial que permite vincular al PLC con cualquier otro dispositivo conectado a internet.

En esta sección, se describirá el desarrollo del módulo, junto con todos los agentes que intervienen en el sistema de comunicación.

Debido a que el módulo de comunicación no será implementado en conjunto con el PLC que controla el equipo de purificación de agua, la comunicación con el PLC ha sido simulada utilizando el microcontrolador Arduino Nano.

2.6.1 Arquitectura del sistema

La Figura N° 79 muestra los componentes involucrados en la comunicación industrial y los protocolos que fueron implementados.

El PLC desarrollado posee un puerto de comunicación I2C disponible en borneras, por lo que la comunicación entre el microcontrolador Arduino Nano y el módulo de comunicación será mediante este protocolo, en caso de que en un futuro se deseé incorporar el monitoreo de datos. Las variables monitoreadas en este caso son el caudal y la conductividad del agua.

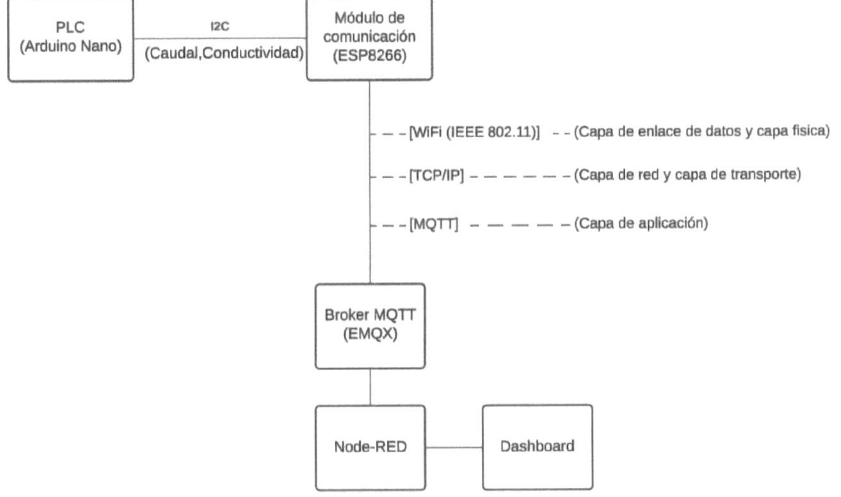

Figura N° 79: Arquitectura de sistema de comunicación

A continuación, se analizarán cada uno de los elementos y sus vínculos.

2.6.1.1 Módulo de comunicación

El módulo de comunicación es el encargado de interconectar el PLC con cualquier otro dispositivo disponible en Internet. Toma los datos de caudal y conductividad que transmite el PLC a través del protocolo I2C, y los retransmite hacia el bróker MQTT empleando los siguientes protocolos:

- WiFi (IEEE 802.11): Proporciona la conectividad de red, en este caso de forma inalámbrica, entre el dispositivo y el enrutador o punto de acceso.

- TCP/IP: Proporciona la comunicación de red fundamental para la comunicación en Internet y redes IP.

- MQTT: Proporciona la mensajería ligera y eficiente entre dispositivos y aplicaciones.

Para gestionar esta interconexión, se utilizó el microcontrolador ESP8266, el cual presenta características muy similares a las de Arduino Nano, y a su vez integra capacidades de conectividad WiFi y Bluetooth. Puede ser programado en C++ utilizando el Arduino IDE.

Figura N° 80: Microcontrolador ESP8266

2.6.1.2   Broker MQTT

El broker actúa como intermediario entre los dispositivos que publican mensajes (ESP8266) y los dispositivos que se suscriben a esos mensajes (Node-RED). Es el responsable de recibir todos los mensajes, filtrarlos y redirigirlos a los suscriptores interesados.

El broker puede ser instalado en un ordenador que esté conectado a la misma red que los publicadores y suscriptores, o puede utilizarse, como en este caso, un broker en la nube al que se puede acceder estando conectado a internet, sin necesidad de instalar ningún programa adicional. El empleado en este proyecto es EMQX. [29]

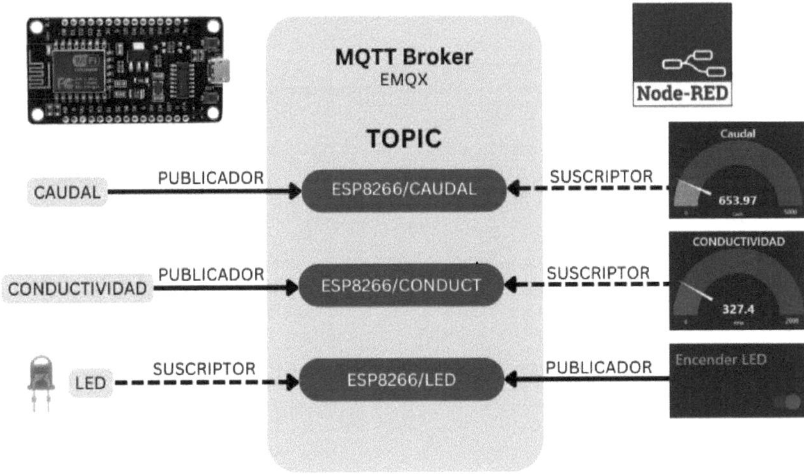

Figura N° 81: Diagrama de conexión MQTT

La Figura N° 81 muestra cómo se realiza la vinculación de información entre el ESP8266 y Node-RED a través del broker EMQX. Se puede observar el funcionamiento del método suscriptor/publicador, en donde cada publicador actualiza el valor de un determinado tópico, y luego cada suscriptor toma el valor del mismo. No hay una conexión directa ente publicador y suscriptor, lo que permite que un mismo dato sea tomado por diferentes dispositivos, y a su vez diferentes dispositivos puedan publicar en un mismo tópico.

Para visualizar la comunicación bidireccional entre el ESP8266 y Node-RED, se añadió un switch que cambia el valor entre 1 y 0 del tópico "ESP8266/LED", y el ESP8266 toma ese valor para encender o apagar el led que trae integrado.

2.6.1.3   Node-RED

Node-RED es la herramienta de desarrollo utilizada para visualizar los datos de nuestro proceso en un panel o Dashboard. En la Figura N° 82 se muestra el fujo desarrollado para nuestro propósito, donde se puede destacar los nodos correspondientes a la conexión MQTT tanto para suscriptor como publicador, y las funciones de visualización de datos. Aquí también se ha incluido un switch para activar y desactivar el led del ESP8266.

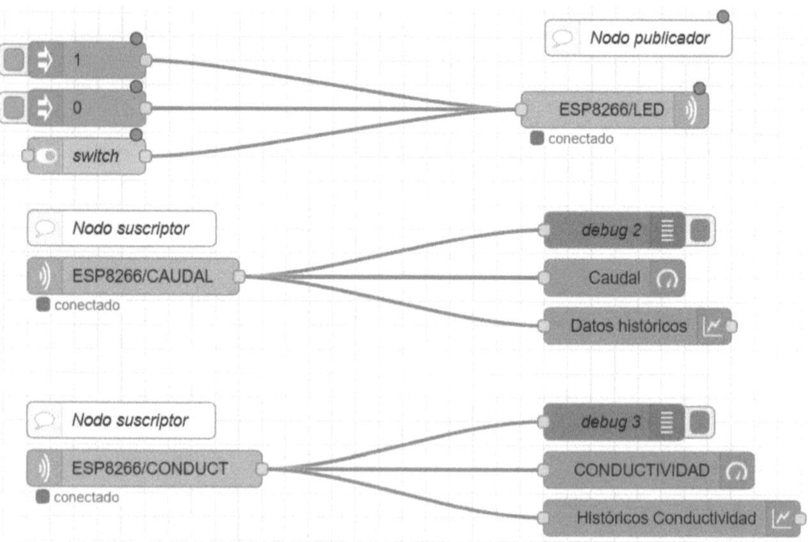

Figura N° 82: Flujo de datos en Node-RED

2.6.1.4   Dashboard

La Figura N° 83 muestra el dashboard desarrollado, donde se visualizan los datos de caudal y conductividad implementando un gráfico tipo dial, que muestra el valor actual de la variable, y un gráfico de líneas donde se puede revisar los datos históricos y analizar los cambios producidos. También está presente el switch que enciende o apaga el led.

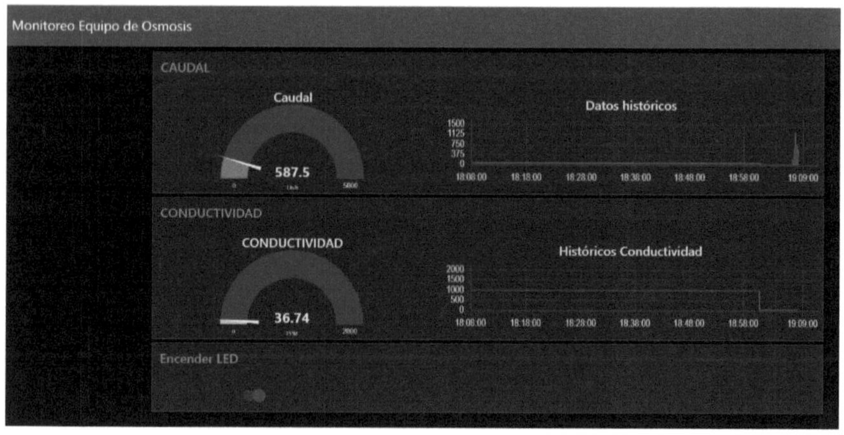

Figura N° 83: Dashbboard de equipo de osmosis

2.6.2 Prototipo de módulo de comunicación

La Figura N° 84 muestra el prototipo concebido con el objetivo de verificar el correcto funcionamiento de todos los elementos que integran la Arquitectura de sistema de comunicación (Figura N° 79). Para esta prueba, los datos con los que se trabajó fueron las variables de caudal y conductividad.

Las conexiones eléctricas implementadas son descriptas en el esquemático de la Figura N° 85. Se pueden observar allí las vías SDA y SCL que permiten la comunicación por I2C entre el Arduino Nano y el ESP8266.

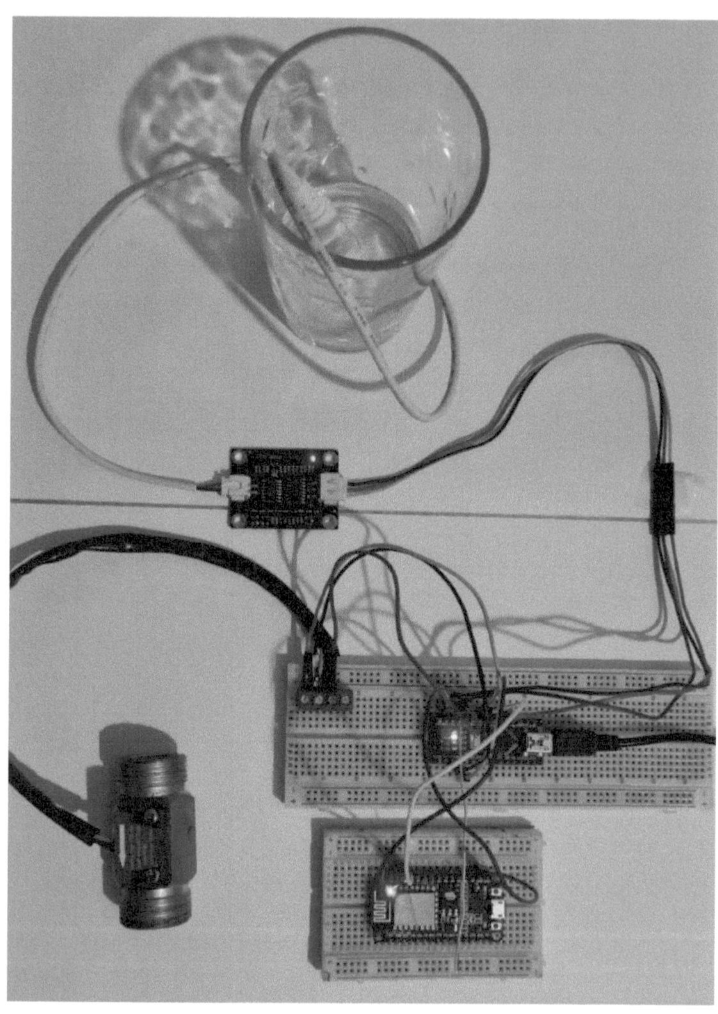

Figura N° 84: Prototipo de módulo de comunicación

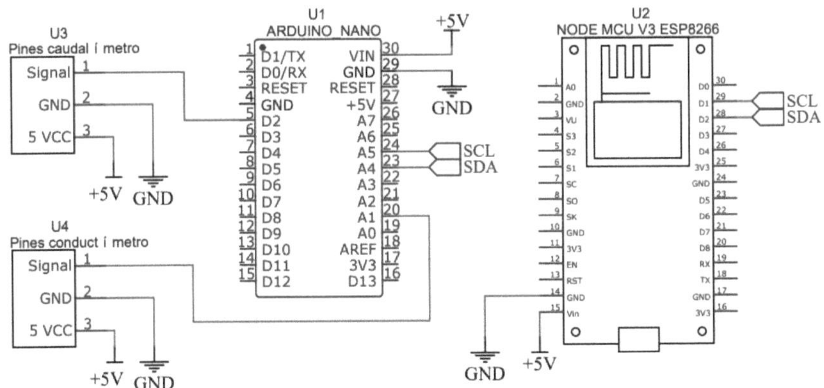

Figura N° 85: Esquemático - Prototipo de módulo de comunicación

La conexión fue efectiva en su totalidad de etapas. Se leyó correctamente los valores sensados por el caudalímetro y conductímetro, se pasaron las variables desde Arduino Nano hacia el ESP8266 por protocolo I2C, y a través de WiFi, utilizando el protocolo MQTT se trasfirieron los datos a Node-RED para ser visualizados en el dashboard de la Figura N° 83. Además, se probó el correcto funcionamiento del switch para encender el led integrado de ESP8266, resultando en una sólida comunicación bidireccional del módulo de comunicación.

Esta configuración se utilizó como prueba para su posterior implementación en un desarrollo real específico, asegurando la viabilidad y eficacia del sistema en un entorno industrial concreto.

En este capítulo, se analizarán los costos involucrados en el desarrollo e implementación del PLC y del módulo de comunicación industrial. Los datos serán contrastados con los demás dispositivos y servicios presentes en el mercado, con el objetivo de establecer un margen de rentabilidad.

El enfoque de este proyecto se centra en la viabilidad económica y en la democratización de la automatización industrial, por lo que la clave para que el dispositivo pueda insertarse en el mercado en futuros proyectos y represente una solución de automatización radica en que el costo final del producto sea inferior al de las opciones de la competencia.

Los valores expresados en dólares (USD) han sido tomados en referencia al valor del dólar oficial en Argentina, correspondiente a 929,5 ARS el día 26/06/2024.

3.1 Costos de PLC

3.1.1 Costos directos

3.1.1.1 Componentes de hardware

Tabla N° 12: Costos PLC - Componentes de hardware

Item	Descripción	QTY	ARS		USD		ARS2		USD2	
Carcasa	Impresión 3D	1	$	16.000,00	USD	17,21	$ 16.000,00	USD	17,21	
Pantalla	LCD 2004 c/adapt I2C	1	$	13.570,00	USD	14,60	$ 13.570,00	USD	14,60	
Modulo Rele	8 canales	1	$	12.580,00	USD	13,53	$ 12.580,00	USD	13,53	
Arduino nano	Microcontrolador	1	$	7.019,00	USD	7,55	$ 7.019,00	USD	7,55	
Placa de cobre	100x100mm	1	$	3.500,00	USD	3,77	$ 3.500,00	USD	3,77	
ULN2803	Puente Darlington x8	1	$	3.420,00	USD	3,68	$ 3.420,00	USD	3,68	
PC817	Optoacoplador	8	$	401,50	USD	0,43	$ 3.212,00	USD	3,46	
Bornera	2 pines	5	$	530,40	USD	0,57	$ 2.652,00	USD	2,85	
LM2596	Regulador 5V	1	$	2.360,00	USD	2,54	$ 2.360,00	USD	2,54	
Tornillos	M3 x 10mm	14	$	104,00	USD	0,11	$ 1.456,00	USD	1,57	
Tuercas	M3	14	$	65,00	USD	0,07	$ 910,00	USD	0,98	
LED	Verde rectangular	9	$	93,60	USD	0,10	$ 842,40	USD	0,91	
Zocalo 8 pines	Para PC817	4	$	130,00	USD	0,14	$ 520,00	USD	0,56	
R4k7	Resistencia 4,7kohm	9	$	57,00	USD	0,06	$ 513,00	USD	0,55	
R10k	Resistencia 10kohm	8	$	30,00	USD	0,03	$ 240,00	USD	0,26	
Zocalo 2x9 pines	Para ULN2803	1	$	227,50	USD	0,24	$ 227,50	USD	0,24	
1N4007	Diodo rectificador	1	$	49,40	USD	0,05	$ 49,40	USD	0,05	

		Total	$ 69.071,30	USD	74,31

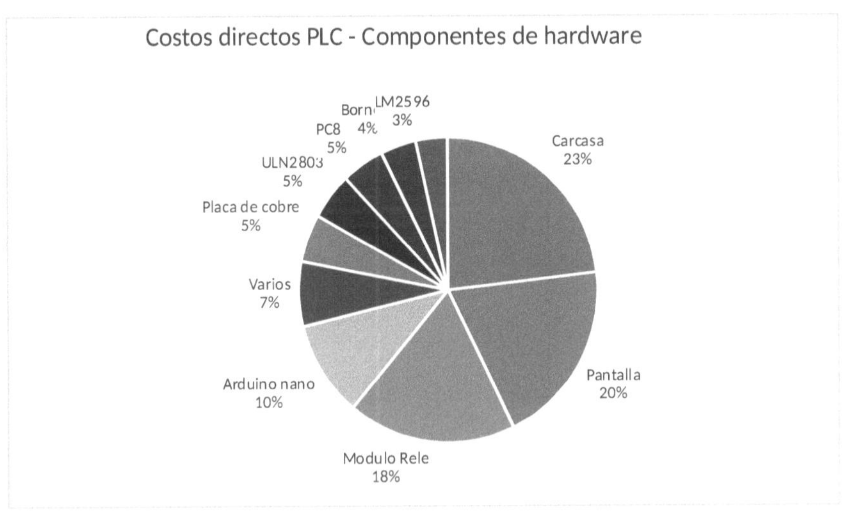

Figura N° 86: Porcentaje de costos directos PLC - componentes de hardware

3.1.1.2   Costos de fabricación

Los costos de fabricación corresponden a la mano de obra, el tiempo y los materiales involucrados en el ensamblaje de los componentes electrónicos para fabricar el PCB, y en ensamblaje del conjunto final del PLC.

Tabla N° 13: Costos de fabricación PLC

			Costo unitario		Costo total	
Item	Descripcion	QTY	ARS	USD	ARS	USD
Ensamblaje	Hs de mano de obra	3	$ 4.000,00	USD 4,30	$ 12.000,00	USD 12,91
Estaño	Para soldadura	0,2	$ 4.550,00	USD 4,90	$ 910,00	USD 0,98
Acido	Percloruro ferrico	0,15	$ 9.100,00	USD 9,79	$ 1.365,00	USD 1,47
				Total	$ 14.275,00	USD 15,36

3.1.1.3   Costos de software

Como se puede observar en la Tabla N° 14, el software utilizado en el proyecto es totalmente gratuito, lo que brinda una gran ventaja competitiva.

Tabla N° 14: Costos de software

Ítem	Descripción	Costo
Arduino IDE	Programación de microcontrolador	Gratuito

| EasyEDA | Diseño de circuito impreso | Gratuito |
| Inventor | Diseño de carcasa 3D | Licencia gratuita de estudiante |

De esta manera, tomando en cuenta los costos de componentes de hardware, los costos de fabricación y los costos de software, obtenemos un total en los costos directos de **\$83.346,30 (USD 89,67)**.

3.1.2 Costos indirectos

Dentro de los costos indirectos, se contempla el tiempo y los recursos dedicados a la investigación y desarrollo del proyecto.

Para realizar los cálculos, se toma en cuenta la cantidad de horas dedicadas en cada área a un valor de \$5000 ARS la hora.

Tabla N° 15: Costos indirectos - Investigación y Desarrollo

Item	Descripcion	QTY (Hs)	Costo unitario		Costo total	
			ARS	USD	ARS	USD
I+D	Investigacion y Desarrollo	72	\$ 5.000,00	USD 5,38	\$ 360.000,00	USD 387,31
PCB	Diseño de PCB	42	\$ 5.000,00	USD 5,38	\$ 210.000,00	USD 225,93
Programación	Programa de PLC en C++	36	\$ 5.000,00	USD 5,38	\$ 180.000,00	USD 193,65
Diseño 3D	Modelado 3D de carcazas	48	\$ 5.000,00	USD 5,38	\$ 240.000,00	USD 258,20
Compras	Busqueda de proveedores	18	\$ 5.000,00	USD 5,38	\$ 90.000,00	USD 96,83

| Total | \$ 1.080.000,00 | USD 1.161,9 |

3.2 Costos de módulo de comunicación

Debido a que el desarrollo del módulo de comunicación solo contempla alcanzar una comunicación efectiva entre dispositivos utilizando el protocolo MQTT y Ethernet, y no así la implementación en un entorno industrial, el alcance del análisis de costos para este caso se limitará a los componentes de hardware necesarios y al software involucrado.

3.2.1 Componentes de hardware

Dentro de los costos de componentes de hardware del módulo de comunicación, se estiman los elementos requeridos para ensamblar el dispositivo dentro de un contenedor o carcasa que permita el montaje en un entorno industrial.

Tabla N° 16: Componentes de hardware - Módulo de comunicación

Item	Descripción	QTY	Costo unitario		Costo total			
			ARS	USD	ARS2		USD2	
ESP8266	Microcontrolador	1	$ 6.090,00	USD 6,55	$ 6.090,00	USD	6,55	
LM2596	Regulador 5V	1	$ 2.360,00	USD 2,54	$ 2.360,00	USD	2,54	
Carcaza	Impresión 3D	1	$ 6.000,00	USD 6,46	$ 6.000,00	USD	6,46	
Bornera	2 pines	2	$ 530,40	USD 0,57	$ 1.060,80	USD	1,14	
Placa cobre	50x50mm	1	$ 3.500,00	USD 3,77	$ 3.500,00	USD	3,77	

	Total	$ 19.010,80	USD 20,45

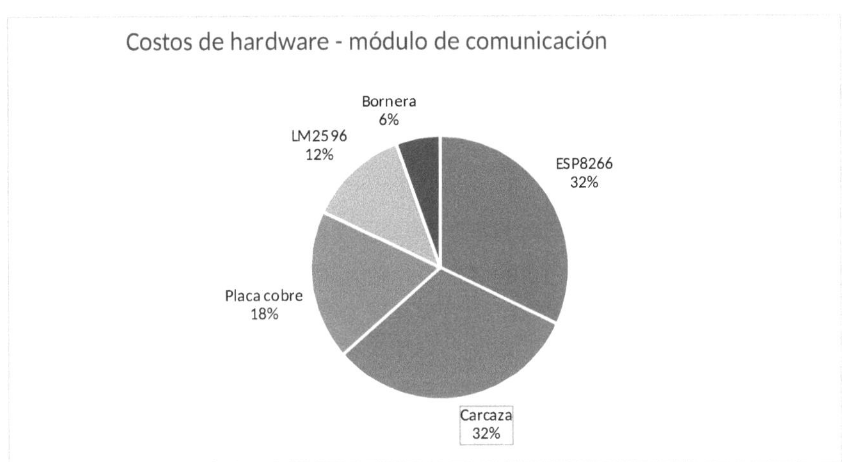

Figura N° 87: Costos de hardware - módulo de comunicación

3.2.2 Costos de software

Tabla N° 17: Costos de software - módulo de comunicación

Ítem	Descripción	Costo
Arduino IDE	Programación de microcontrolador	Gratuito
Inventor	Diseño de carcasa 3D	Licencia gratuita de estudiante
Node-RED	Gestos de dispositivos conectados	Gratuito
EMQX	Broker MQTT en la nube	Gratuito

El software utilizado en el desarrollo del módulo de comunicación es de uso libre y gratuito. Sin embargo, muchas de las funcionalidades interesantes para proyectos interconectados, como son la visualización de datos y el almacenamiento en la nube, requiere de un mayor desarrollo o de la incorporación de servicios pagos.

CAPITULO 4: CONCLUSIONES

4.1   Resumen de resultados

El objetivo principal de este proyecto ha sido el desarrollo de un PLC basado en tecnología abierta y la implementación del mismo en un entorno industrial, pretendiendo brindar una solución de automatización eficaz y accesible. Se logró que el mismo cumpliera con los requisitos establecidos, y que funcionara en régimen permanente en el control del equipo de osmosis inversa.

Por otro lado, el enfoque de este proyecto ha sido que el dispositivo se comunique con otros sistemas, permitiendo el manejo de datos y la creación de redes de automatización. Esto se logró con el prototipo del módulo de comunicación industrial, el cual demostró un excelente funcionamiento en el control y monitoreo del dispositivo de manera remota, con vinculación a través de internet.

4.2   Evaluación de cumplimiento de objetivos

4.2.1   Objetivo General

1. Desarrollar e implementar un Controlador Lógico Programable (PLC) de bajo costo mediante el uso de tecnologías abiertas.

   - **Cumplimiento:** Se ha desarrollado e implementado un PLC basado en Arduino, utilizando componentes y tecnologías abiertas. El costo total del dispositivo ha sido significativamente menor en comparación con soluciones comerciales, cumpliendo así con el objetivo de bajo costo.

2. Emplear el dispositivo en un entorno industrial para el control efectivo de un equipo de tratamientos de agua, con un régimen de funcionamiento permanente.

   - **Cumplimiento:** El PLC ha sido instalado en un entorno industrial para el control del equipo de osmosis inversa, operando de manera efectiva y continua.

3. Interconectar el dispositivo con demás sistemas mediante la implementación de protocolos industriales, para recopilación de información y para facilitar la creación de redes de automatización.

- **Cumplimiento:** Se ha integrado el protocolo de comunicación industrial I2C para la comunicación con sensores y periféricos, y el protocolo MQTT para la comunicación con sistemas de gestión de datos, en este caso, Node-RED. Esta integración facilita la creación de redes de automatización y la recopilación de información.

4.2.2 Objetivos Específicos

1. Diseñar el circuito electrónico del PLC, capaz de funcionar en diversos entornos industriales.

- **Cumplimiento:** Se diseñó y se construyó un circuito electrónico robusto y adecuado para su uso en un entorno industrial. Su lugar de trabajo es dentro de un tablero eléctrico donde convive con líneas de alimentación de 380V, contactores, guardamotores y demás componentes eléctricos que generan importantes campos electromagnéticos. Ante estas condiciones, no se ha detectado ningún tipo de interferencia o error en el funcionamiento del sistema, lo que demuestra el grado de robustez alcanzado. No han sido consideradas pruebas específicas con respecto a vibraciones, interferencias electromagnéticas, temperatura, humedad y polvo del entorno.

2. Seleccionar componentes y realizar el diseño de la placa de circuito impreso (PCB) para la fabricación del controlador, considerando aspectos de coste y eficiencia.

- **Cumplimiento:** Tanto la selección de componentes como el diseño del PCB han sido efectuados bajo el enfoque en la eficiencia y el bajo costo, con lo que se obtuvo un sistema con un buen rendimiento a un muy bajo costo de producción.

3. Implementar módulos de entrada digital y analógica, así como módulos de salida a relé y optoacopladas, para cubrir diversas necesidades de control

- **Cumplimiento:** Se implementaron entradas digitales y salidas a relé, todas ellas optoacopladas para brindar robustez. Las entradas analógicas no fueron consideradas ya que las lecturas de los sensores del sistema son de tipo digital. Por otro lado, no se desarrollaron salidas optoacopladas debido a que los requerimientos de velocidad de conmutación y tensiones de funcionamiento de los actuadores son cubiertos con eficiencia por el módulo de salidas a relé.

4. Modelar en 3D la carcasa del PLC, garantizando un diseño ergonómico y funcional

- **Cumplimiento:** Se realizó el modelado de la carcasa del PLC, que luego fue fabricada mediante impresión 3D, logrando un diseño ergonómico y funcional que protege los componentes electrónicos y facilita su instalación y manejo en entornos industriales.

5. Integrar protocolos de comunicación I2C y UART para posibilitar la interconexión eficiente con otros dispositivos y sistemas

- **Cumplimiento:** El protocolo I2C fue integrado exitosamente en la comunicación entre el PLC y la pantalla LCD, y entre el PLC y el módulo de comunicación industrial. El protocolo UART, que está pensado para comunicar dos dispositivos, no fue considerado ya que requiere la adición de multiplexores para poder añadir más dispositivos en la red.

6. Utilizar un microcontrolador de la gama de opciones ofrecidas por Arduino y similares, optimizando prestaciones a bajo costo y aprovechando su amplia aceptación en la comunidad

- **Cumplimiento:** La selección del microcontrolador Arduino Nano como núcleo del PLC ha ofrecido buenas prestaciones a un precio muy accesible. Por otro lado, la amplia aceptación y difusión de Arduino en la comunidad facilitó el desarrollo y la implementación del PLC con esta tecnología.

7. Implementar un módulo de comunicación industrial para transmitir datos de los sensores y del PLC a un servidor, lo que permitirá monitorear el proceso de manera remota desde cualquier dispositivo con conexión a internet.

- **<u>Cumplimiento</u>**: Se desarrolló el prototipo de un módulo de comunicación industrial que utiliza el protocolo Ethernet y MQTT para conectarse a NodeRED, lugar donde se gestionan los datos de las variables del proceso en tiempo real. Esta implementación ha permitido el monitoreo remoto desde cualquier dispositivo con conectividad a internet.

4.3 Impacto y relevancia del proyecto

4.3.1 Innovación

El desarrollo de este proyecto ha brindado una nueva solución de automatización para nuestra región, representando un avance significativo en la democratización del control industrial. Su fácil programación, el soporte de la comunidad, el desarrollo sin costo gracias al software libre, y la abundancia de recursos para la expansión del sistema engloban una solución con una filosofía de trabajo diferente a la que se encuentra en el mercado.

4.3.2 Reducción de Costos

El bajo costo del sistema que se ha desarrollado permite a las empresas reducir la inversión inicial requerida para automatizar sus procesos, lo que facilita el avance en materia de tecnología en sectores con recursos limitados. Esta reducción de costos no solo se ve reflejada en la compra inicial del dispositivo, sino también en los costos de mantenimiento y actualización, ya que existe una gran disponibilidad de componentes y recursos de tecnologías abiertas. Además, se elimina por completo el costo asociado al uso de servicios de software.

4.3.3 Flexibilidad y Personalización

El uso de Arduino como plataforma central del PLC proporciona una gran flexibilidad de diseño para incorporar diferentes características y adaptar el sistema a diferentes necesidades de automatización, ya sea con modificaciones de hardware, de software o incorporando módulos adicionales.

4.3.4 Aplicaciones Industriales y Domésticas

Si bien el PLC desarrollado ha demostrado ser capaz de operar en un entorno industrial real, es imposible garantizar un comportamiento estable bajo condiciones ambientales mas agresivas. Por otro lado, el módulo de comunicación muestra gran potencial para la gestión de datos y la interconectividad de dispositivos.

Estas consideraciones hacen que, en su estado actual, el PLC sea adecuado para trabajar en entornos menos exigentes, como pueden ser automatizaciones domésticas. En el ámbito industrial, gracias a la interconectividad del dispositivo, se pueden desarrollar redes de automatización en conjunto con PLC propietarios, donde el PLC de código abierto se encargue de tareas no críticas, como la recopilación de información y la gestión de datos.

4.3.5 Interconectividad y Escalabilidad

La integración de los protocolos de comunicación industrial I2C y MQTT, junto con Node-RED para la gestión de dispositivos IoT, permite que la creación de redes de automatización sea posible, lo que añade la capacidad de recopilar y analizar datos para el monitoreo y control del proceso de manera remota.

4.4   Limitaciones y áreas de mejora

1. Incorporación de entradas analógicas

El PLC desarrollado no cuenta con entradas analógicas debido a que no han sido requeridas para el automatismo del equipo de osmosis inversa, pero representa una limitante futura para la incorporación de nuevos sensores de tipo analógico. Por ello, es importante considerar la implementación de lecturas analógicas de 4-20mA y de 0-10V, que son las más utilizadas en el ámbito industrial.

2. Fabricación artesanal del PCB

El PCB ha sido fabricado siguiendo el método de transferencia térmica, el cual es un proceso que demanda tiempo y requiere de mucha destreza manual, lo que resulta en acabados de piezas variables y erráticos. Una mejora potencial es considerar la fabricación del PCB por parte de un proveedor especializado, tomando en cuenta la calidad del producto y la incidencia en los costos fijos del dispositivo.

3. Montaje de componentes electrónicos

Similar a lo ocurrido con la fabricación artesanal del PCB, el montaje de la plaqueta electrónica de forma manual significa una intensa tarea, que requiere precisión y dedicación para ubicar y soldar cada componente electrónico en su lugar. Este proceso no es escalable para la producción a gran escala, e introduce variabilidad en la calidad del producto, por lo que se debe analizar la fabricación de la plaqueta electrónica en su totalidad por parte de un proveedor externo.

4. Costo de fabricación de carcasa

De la Figura N° 87: Costos de hardware - módulo de comunicación, podemos identificar que el mayor porcentaje del costo de hardware del PLC es destinado a la fabricación de la carcasa. La impresión 3D nos brinda una gran flexibilidad de diseño y nos permite una producción a pequeña escala, pero no es la opción más rentable si el objetivo es una producción mayor, caso en el cual se deberá investigar sobre la fabricación de piezas mediante inyección de plástico u otros métodos. Una solución más inmediata es rediseñar el formato del PLC, buscando reducir el área de carcasa y disminuir el espesor de pared sin comprometer la resistencia de las piezas.

5. Ciberseguridad

Con el módulo de comunicación industrial, el PLC ha pasado a formar parte de la red de internet, quedando así expuesto a ataques cibernéticos. Por ello, para garantizar la integridad y confiabilidad del sistema de control y monitoreo, se debe abordar de manera exhaustiva las medidas de seguridad pertinentes.

6. Pruebas y ensayos

El PLC se ha puesto en funcionamiento y ha demostrado un correcto desempeño dentro de su entorno de trabajo, pero no ha sido sometido a pruebas o ensayos específicos para evaluar su rendimiento ante condiciones extremas. Es de gran importancia considerar poner a prueba el dispositivo ante vibraciones, interferencias electromagnéticas, temperatura, humedad y polvo del entorno.

7. Lógica de watchdog

No ha sido considerado un sistema de watchdog en el PLC desarrollado. Es de suma importancia que en próximos desarrollos se implemente una lógica de watchdog que supervise el funcionamiento del PLC, reiniciándolo automáticamente o llevándolo a un estado seguro en caso de fallos o errores críticos, para garantizar la continuidad, estabilidad y seguridad de las operaciones industriales.

4.5 Reflexión personal

El desarrollo de este proyecto ha sido una experiencia enriquecedora que ha ampliado mis conocimientos en diversas áreas de la ingeniería mecatrónica. Por un lado, se profundizó en disciplinas como la electrónica, el diseño asistido por computadora y la programación, y se abordaron temas específicos como la automatización, los protocolos de comunicación y el Internet de las Cosas. Un fuerte análisis teórico seguido de una implementación ha fortalecido el aprendizaje. La esencia de la ingeniería mecatrónica ha sido revelada en el proceso de integración de diferentes disciplinas en post de encontrar una solución efectiva para una necesidad en particular.

4.6 Conclusión final

El proyecto surgió como respuesta a una necesidad de automatización específica, que a lo largo del desarrollo reveló una necesidad general de tecnología accesible y abierta. El resultado final del dispositivo demuestra que es posible una solución de estas características, que avance en la democratización de la automatización industrial y acerque la tecnología a nuevas áreas y aplicaciones.

Ha sido un gran progreso en la automatización y la ingeniería, que se vuelve mucho más interesante al saber que aún queda mucho por avanzar y evolucionar.

Glosario

AES	Estándar de encriptación avanzada para redes inalámbricas de área local establecido en la 802.11i que ofrece un nivel de seguridad mayor que el encontrado en el actual estándar de seguridad WPA.
ADC	Convertidor analógico-digital, dispositivo que convierte señales analógicas en datos digitales.
Ciberseguridad	Conjunto de medidas y prácticas destinadas a proteger sistemas y redes de ataques cibernéticos.
Comunicación Industrial	Métodos y protocolos utilizados para permitir la transmisión de datos entre dispositivos y sistemas en un entorno industrial.
Dashboard	Interfaz gráfica que presenta información y datos de manera visual, facilitando el monitoreo y análisis
IoT	(Internet of Things). Red de dispositivos interconectados que pueden comunicarse entre sí y con otros sistemas a través de internet.
MQTT	(Message Queuing Telemetry Transport). Protocolo de mensajería ligero ideal para la comunicación en IoT. Permite la transmisión de datos entre dispositivos de manera eficiente y segura, facilitando la supervisión y control remoto de sistemas.
Node-RED	Herramienta de desarrollo que facilita la integración de hardware, API y servicios en línea mediante un editor de flujo visual.
PCB	(Printed Circuit Board). Placa de circuito impreso utilizada para montar y conectar componentes electrónicos.
PID	(Proportional-Integral-Derivative). Controlador utilizado en sistemas de control para regular variables de proceso. Ajusta la salida del sistema basándose en el error actual, la integral del error pasado y la derivada del error futuro.
Serigrafiado	Proceso de impresión utilizado en la fabricación de PCBs para aplicar capas de tinta en las placas.
SM	Módulo de sensor, componente que incluye sensores específicos para medir variables físicas y convertirlas en señales eléctricas para su procesamiento. Los SMs analógicos contienen ADCs para la conversión de señales.
Termotransferencia	Método de grabado de PCBs que utiliza calor para transferir un diseño de tinta a una placa virgen.
WPA	(Wi-Fi Protected Access). Estándar de seguridad para redes inalámbricas.

Referencias Bibliográficas

[1] W. Bolton, MECATRÓNICA: sistemas de control electrónico en la ingeniería mecánica y eléctrica, D.F., México: Alfaomega, 2013.

[2] IEEC UNED, «MASTER DEGREE: Ingeniería de Sistemas Industriales,» [En línea]. Available: http://www.ieec.uned.es/investigacion/dipseil/pac/archivos/informacion_de_referencia_ise6_1_1.pdf. [Último acceso: 13 Marzo 2024].

[3] R. Zurawski, Industrial Communication Technology Handbook, San Francisco, California, USA: CRC Press, 2015.

[4] U. N. D. E. A. DISTANCIA, Comunicaciones Industriales - Principios Basicos, Madrid: Librería UNED, 2007.

[5] UNIVERSIDAD NACIONAL DE EDUCACIÓN A DISTANCIA, Comunicaciones industriales: Principios básicos, Madrid: UNED, 2007.

[6] A. R. Penin, Comunicaciones Industriales, Barcelona: Marcombo S.A., 2008.

[7] UNIVERSIDAD NACIONAL DE EDUCACION A DISTANCIA, Comunicaciones Industriales: Sistemas distribuidos y aplicaciones, Madrid: UNED, 2007.

[8] J. R. Alejandro Amaya, PROTOCOLOS Y ESTÁNDARES DE TRANSMISIÓN UTILIZADOS POR LOS INSTRUMENTOS INDUSTRIALES, INACAP, 2016.

[9] WESCO-ANIXTER, «Comparando protocolos de comunicación inalámbrica,» [En línea]. Available: https://www.anixter.com/es_mx/resources/literature/techbriefs/comparing-wireless-communication-protocols.html?timeout=true.

[10] Amazon AWS, «¿Qué es MQTT?,» [En línea]. Available: https://aws.amazon.com/es/what-is/mqtt/. [Último acceso: 26 Junio 2024].

[11] FICA-UNSL, «Curso de Arduino: Módulo protocolos de comunicaciones,» Villa Mercedes, 2024.

[12] Red Hat, «¿Qué es el open source?,» 24 Enero 2023. [En línea]. Available: https://www.redhat.com/es/topics/open-source/what-is-open-source. [Último acceso: 15 Marzo 2024].

[13] Open source initiative, «The Open Source Definition,» 16 Febrero 2024. [En línea]. Available: https://opensource.org/osd. [Último acceso: 15 Marzo 2024].

[14] Open Source Hardware Association, «Declaración de Principios 1.0,» 2024. [En línea]. Available: https://www.oshwa.org/definition/spanish/. [Último acceso: 15 Marzo 2024].

[15] Arduino, «¿Qué es Arduino?,» [En línea]. Available: https://arduino.cl/que-es-arduino/. [Último acceso: 15 Marzo 2024].

[16] Texas Instruments, «LM2596,» [En línea]. Available: https://www.ti.com/product/es-mx/LM2596. [Último acceso: 18 Marzo 2024].

[17] Unit Electronics, «Optoacoplador PC817 DIP-4,» [En línea]. Available: https://uelectronics.com/producto/optoacoplador-pc817-dip-4/. [Último acceso: 18 Marzo 2024].

[18] Arduino, «Arduino Professional,» 2024. [En línea]. Available: https://store-usa.arduino.cc/pages/professional. [Último acceso: 20 Marzo 2024].

[19] Finder, «FINDER OPTA: EL PRIMER RELÉ LÓGICO PROGRAMABLE,» 01 Diciembre 2022. [En línea]. Available: https://www.findernet.com/es/uruguay/news/finder-opta-el-primer-rele-logico-programable/. [Último acceso: 20 Marzo 2024].

[20] Arduino Store, «Introducing Arduino Opta,» [En línea]. Available: https://store-usa.arduino.cc/pages/opta. [Último acceso: 20 Marzo 2024].

[21] Industrial Shields, «Controladores Industriales y Panels PCs basados en Open Source Hardware,» [En línea]. Available: https://www.industrialshields.com/es_ES. [Último acceso: 20 Marzo 2024].

[22] Controllino, «INDUSTRIAL AUTOMATION MEETS OPEN SOURCE,» [En línea]. Available: https://www.controllino.com/. [Último acceso: 21 Marzo 2024].

[23] Electroall, «Electroallweb,» [En línea]. Available: https://www.electroallweb.com/. [Último acceso: 21 Marzo 2024].

[24] El profe Zurco, «Blog El profe Zurco,» [En línea]. Available: https://elprofezurco.blogspot.com/2023/11/mini-plc-arduino-atmega128a-au-v10.html. [Último acceso: 21 Marzo 2024].

[25] Arduino.cc, «Arduino Software,» [En línea]. Available: https://www.arduino.cc/en/software. [Último acceso: 21 Marzo 2024].

[26] Codesys, «Codesys Store,» [En línea]. Available: https://store.codesys.com/en/. [Último acceso: 2022 Marzo 2024].

[27] Autonomy, «OpenPLC,» [En línea]. Available: https://autonomylogic.com/. [Último acceso: 22 Marzo 2024].

[28] EasyEDA, «Easy-to-use & Free PCB Design Software,» [En línea]. Available: https://easyeda.com/. [Último acceso: 01 Abril 2024].

[29] EMQX, «Free Public MQTT Broker,» [En línea]. Available: https://www.emqx.com/en/mqtt/public-mqtt5-broker. [Último acceso: 2024 Julio 04].

[30] J. SALAZAR, REDES INALÁMBRICAS, Republica Checa: TechPedia .

1. Esquema electrónico de PLC

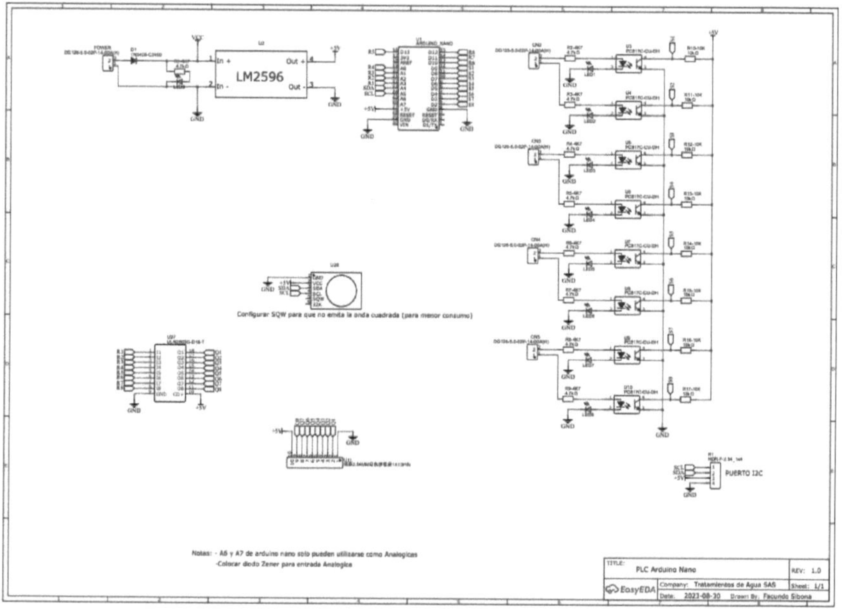

2. Diseño de PCB – Capa serigráfica superior

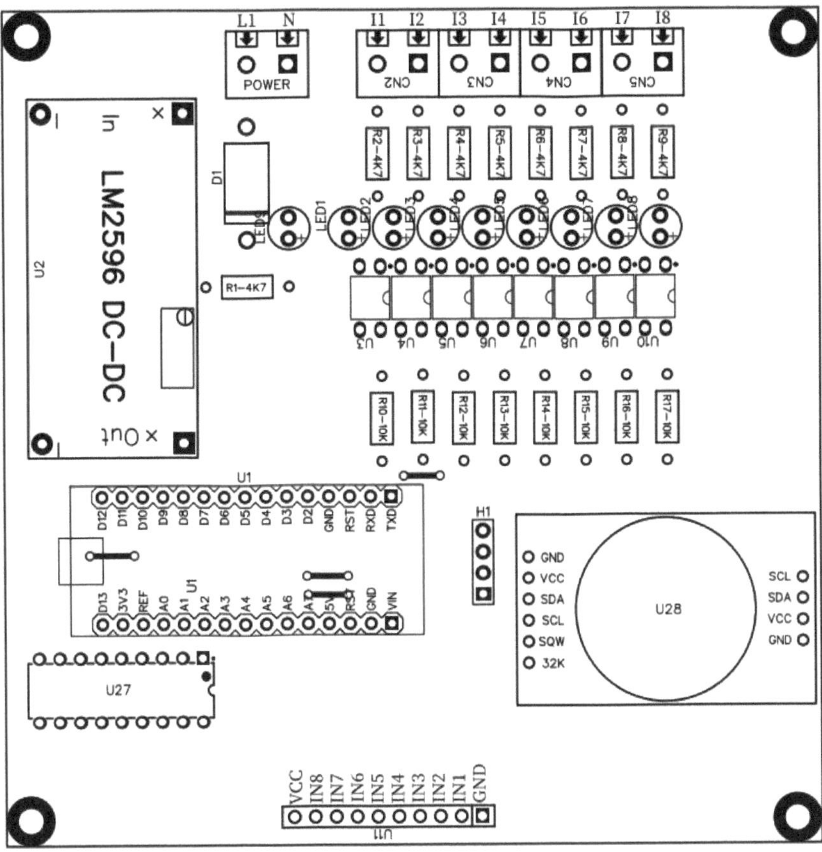

3. Diseño de PCB – Capa inferior

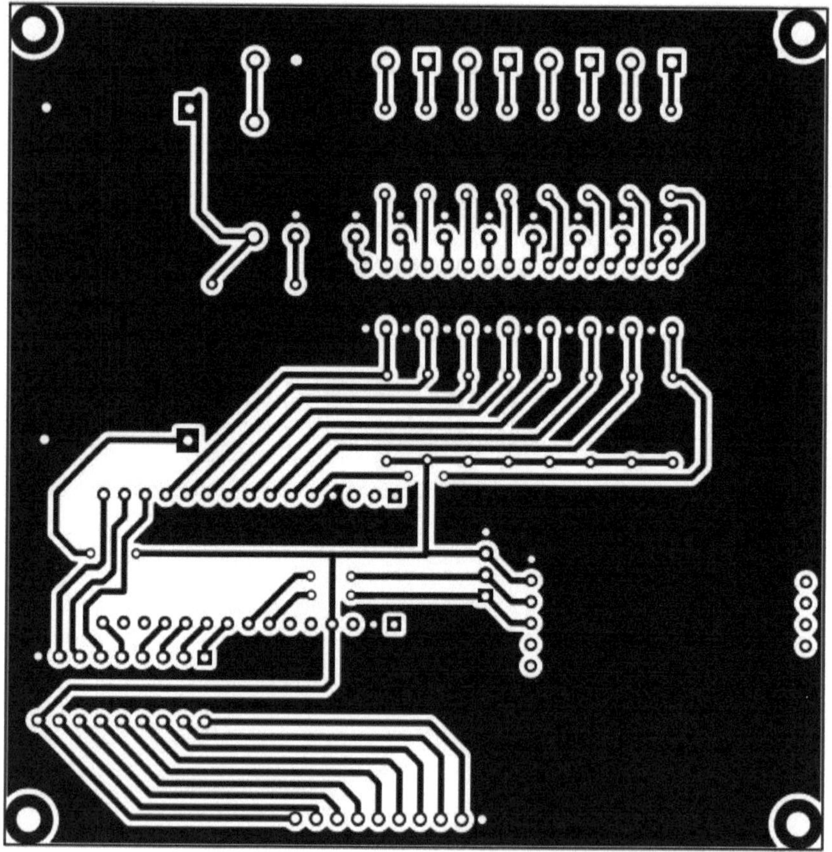

4. Plano de ensamblaje de PLC

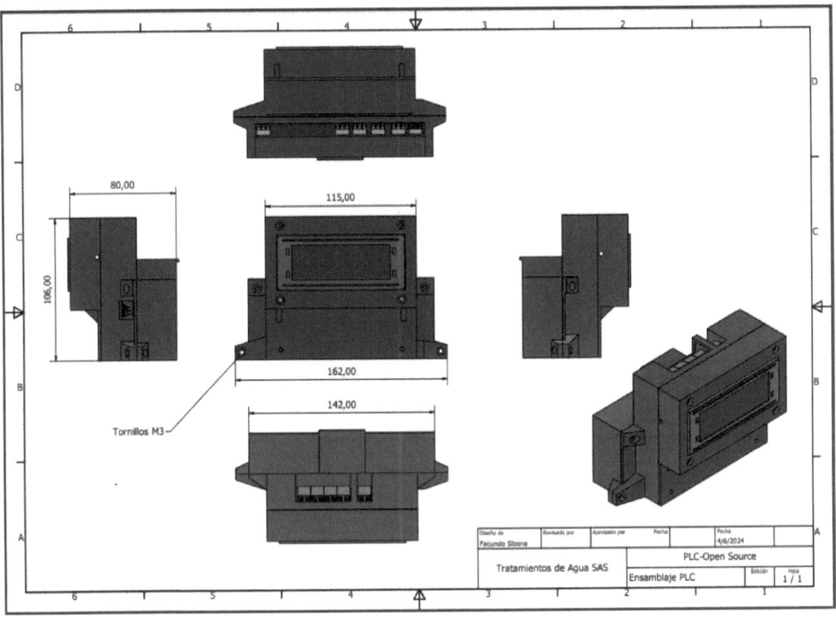

5. Esquema electrónico de módulo de comunicación industrial

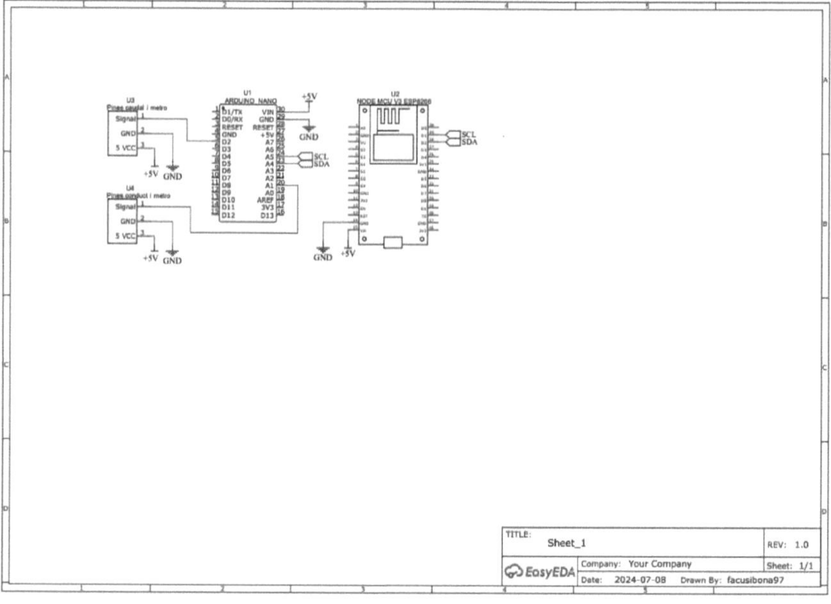

yes

I **want** morebooks!

Buy your books fast and straightforward online - at one of world's fastest growing online book stores! Environmentally sound due to Print-on-Demand technologies.

Buy your books online at
www.morebooks.shop

¡Compre sus libros rápido y directo en internet, en una de las librerías en línea con mayor crecimiento en el mundo! Producción que protege el medio ambiente a través de las tecnologías de impresión bajo demanda.

Compre sus libros online en
www.morebooks.shop

info@omniscriptum.com
www.omniscriptum.com

Printed by Books on Demand GmbH, Norderstedt / Germany